Hakima Belghoul
Slimane Merdaci

Stabilisation des paramètres vibratoires d'une pompe

Hakima Belghoul
Slimane Merdaci

Stabilisation des paramètres vibratoires d'une pompe

Surveillance, diagnostic et réparation

Éditions universitaires européennes

Imprint

Any brand names and product names mentioned in this book are subject to trademark, brand or patent protection and are trademarks or registered trademarks of their respective holders. The use of brand names, product names, common names, trade names, product descriptions etc. even without a particular marking in this work is in no way to be construed to mean that such names may be regarded as unrestricted in respect of trademark and brand protection legislation and could thus be used by anyone.

Cover image: www.ingimage.com

Publisher:
Éditions universitaires européennes
is a trademark of
Dodo Books Indian Ocean Ltd., member of the OmniScriptum S.R.L Publishing group
str. A.Russo 15, of. 61, Chisinau-2068, Republic of Moldova Europe
Printed at: see last page
ISBN: 978-3-8416-6397-9

Copyright © Hakima Belghoul, Slimane Merdaci
Copyright © 2015 Dodo Books Indian Ocean Ltd., member of the OmniScriptum S.R.L Publishing group

BELGHOUL Hakima

Stabilisation des paramètres vibratoires d'une pompe

Stabilisation des paramètres vibratoires d'une pompe

Pompe d'expédition de condensat dans un Centre de Stockage et Transfert des Fluide SCTF, SONATRACH Algérie.

Présente par :

Mme. M. BELGHOUL Hakima & Mr : MERDACI Slimane

Université Djilali Liabes Sidi Bel Abbés

Pays Alger

Préface

La compréhension du comportement vibratoire d'une machine est un enjeu industriel dont l'importance n'a cessé d'augmenter durant ces dernières années; les études actuelles sur les comportements vibratoires des machines tournantes et les traitements ainsi que les analyses faites sur les signaux mesurés, peuvent relier les effets vibratoires observés aux causes matérielles qui les génèrent et fournir un outil très puissant pour les besoins de la maintenance, surtout dans l'industrie où la compétition est exprimée par la qualité et les coûts (l'industrie pétrolière et gazière).

Notre cas pratique est faite sur une pompe stratégique pour le procédé d'expédition de condensat, qui à soulevé beaucoup d'interrogations depuis sa mise en service et qui présence une anomalie vibratoire détecter à l'aide d'une analyse spectrale dans une basse plage de fréquence et il a été constaté qu'au fur et à mesure que le débit a baissé, la vibration a augmenté.

L'objectif donné pour ce travail était de fournir des éléments nécessaires au suivi et au diagnostic des comportements vibratoires des machines tournantes à partir de signaux recueillis sur un système d'acquisition (mesure).

Table des matières

Table des matières i
Liste des figures ii
Liste des tableaux iii
Introduction 1

Chapitre I : Présentation de la région Hassi r'mel

I.1. Situation Géographique de Hassi R'Mel... 2
I.2. Historique des champs de Hassi R'Mel 3
I.3. Développement du champ de Hassi R'Mel 3
I.4. Les installations gazières à Hassi R'Mel 4
I.5. Description des différentes unités à Hassi R'mel 4
I.6. Organisation de la direction régional de Hassi R'mel 6
I.7. Missions et taches des structures rattachées à la direction 7
I.8. Traitement du gaz naturel 8
I.9. Spécification des produits obtenus 12

Chapitre II : Etude de vibrations

II.1. Généralités 15
II.2. Qu'est-ce qu'une vibration ? 16
II.3. Naissance d'une vibration 16
II.4. Nature des vibrations 17
II.5. Les différentes formes de vibrations 19
II.6. Grandeur caractéristique 21
II.7. Les grandeurs de mesure... 23
II.8. Représentation du signal vibratoire 25
II.9. Méthodes d'étude des vibrations 26

Chapitre III : Diagnostic des défauts

III.1. Description de l'équipement de mesure de vibration................. 32
III.2. L'utilisation 34
III.3. Les points de mesure 35
III.4. Seuil de jugement de l'intensité vibratoire 36

III.5. Utilisation contractuelle des nonnes 41
III.6. Image des défauts 42
III.7. Anomalies causant les vibrations 46
III.8. Programme de jugement 49

Chapitre IV : Théorie des pompes centrifuges

IV.1.Rôle d'une pompe 50
IV.2. Différents types de pompes 50
IV. 3. Schéma de classification des pompes 52
IV.4. Pompe centrifuge 54
IV.5. Avantages Et Inconvénients 56
IV.7. Caractéristique des pompes centrifuge 57

Chapitre V : Diagnostic des défauts

V.I. Étude théorique 61
    V.I .1. Description de la pompe P004 61
    V.I.2. Le rôle de la pompe P004 62
    V.I.3. Schéma de fonctionement 62
    V.I.4. La nomenclature de la pompe P-004 63
    V.I.5. Les composants de la pompe 64
    V.I.6.Caractéristique de la pompe P-004 70

V.II. Étude pratique 72
V.II.1 suivie vibratoire 72
V.II.2. Influence de débit (m^3/h) sur la vibration (mm/s)des machines 50-P004-B 82
V.II. 3Vérification de calcul de diamètre 85

Bibliographie 86

Annexe

List des figures

N°	Titre	Page :
Fig. I.1:	Situation Géographique de Hassi R'mel	2
Fig I.2:	Les installations gazières au champ Hassi R'mel	5
Fig I.3:	Procédé PRICHARD	1
Fig I.4:	Procède de HUDSON	12
Fig. II.1 :	Naissance d'une vibration	16
Fig. II.2:	Enregistrement du diagramme **amplitude – temps**	17
Fig. II.3:	Vibration périodique transitoire.	17
Fig. II.4:	Vibration périodique aléatoire.	18
Fig. II.5:	Vibration harmonique	19
Fig. II.6:	Vibration périodique	20
Fig. II.7:	Vibration apériodique	20
Fig. II.8 :	Grandeurs remarquables	21
Fig. II.9 :	Représentation du mouvement d'un système masse-ressort	25
Fig. II.10 :	Représentation fréquentielle	26
Fig. II.11 :	Représentation de signal simple et complexe.	27
Fig. II.12 :	Exemple d'une analyse spectral	28
Fig II.13 :	représentation des différentes amplitudes des vibrations complexes	29
Fig. III.1:	Schéma d'une analyse vibratoire	31
Fig. III.2 :	Vibrostore 41	33
Fig III.3 :	Vibrotest 60	33
Fig. III.4 :	Chargement et déchargement des données	34
Fig. III.5 :	Mesure globale	35
Fig. III.6 :	Mesure de BCU	35
Fig. III.7 :	Balourd	42

Fig. III.8 :	Désalignement	43
Fig. III.9 :	Excentricité	43
Fig. III.10 :	Palier lisse	44
Fig.III.11 :	Palier rigide à roulement à billes	44
Fig.III.12:	Machine à fluide	45
Fig. III.13:	Transmission par Courroie	46
Fig. III.14 :	Cas des excitations électriques	46
Fig. IV.1:	Principe de fonctionnement d'une pompe à piston.	
Fig. IV.2:	Fonctionnement des turbopompes.	51
Fig. IV.3:	Ecoulement du liquide dans l'impulser de pompe centrifuge	51
Fig. IV.4:	Pompe centrifuge	53
Fig. IV.5:	Ecoulement du liquide dans les pompe hélico-centrifuge.	53
Fig. IV.6:	Ecoulement du liquide dans une pompe axiale.	54
Fig. IV.7:	Principe de fonctionnement d'une pompe centrifuge	55
Fig. V.1:	Pompe P-004	61
Fig. V.2 :	Schéma de fonctionnement.	62
Fig. V.3:	Impulseur P-004	64
Fig. V.4:	Diffuseur P-004	65
Fig. V.5:	Arbre P-004	65
Fig .V.6:	Roulement de la P-004	66
Fig. V.7:	Garniture	68
Fig. V. 8:	Joints de la Garniture	69
Fig. V.9:	Bague d'usure	69
Fig. V.10:	Tubulures d'Aspiration et de Refoulement	70
Fig.V.11 :	Diminution de diamètre de la roue.	85

List des Tableaux

N°	Titre de Tableau :	Page :
Tableau I.1:	Capacité traité	13
Tableau I.2:	Capacité de stockage	13
Tableau I.3:	Capacité de réinjection du gaz	14
Tableau. III.1 :	Exemples de limites vibratoires proposées par les normes AFNOR E 90-300 ou ISO 23	38
Tableau. III.2:	Seuils de jugement selon AFNOR E 90-301	39
Tableau. III.3:	Seuils de jugement selon AFNOR E 90-310 [mm/s_{eff}]	30
Tableau. III.4:	Valeurs maximales de la vitesse de vibration selon AFNOR F 65-101 [mm/s]	40
Tabeau.III.5 :	Défauts causant les vibrations	48

Introduction

Les hydrocarbures représentent la richesse la plus stratégique au monde, car c'est le moteur de l'industrie et c'est pour cela que leurs conséquences et influences sont importantes sur tous les plans, La demande du gaz naturel vient en second place après le pétrole, mais son importance s'accroît car c'est une source d'énergie propre qui n'altère pas l'environnement.

L'Algérie parmi les premiers pays producteurs du gaz naturel au monde et sa plus grande partie de production est assurée par le gisement gazier de la région de Hassi R'mel

Les pompes sont très largement utilisées dans les différents domaines de l'industrie. Pour la production de l'énergie dans l'agriculture, transport, génie civil … etc. surtout dans l'industrie pétrolière.

La principale caractéristique de la pompe centrifuge consiste à convertir l'énergie d'une source de mouvement (moteur) d'abord en vitesse (ou énergie cinétique) puis en énergie de pression. Le rôle d'une pompe consiste en effet à conférer de l'énergie au liquide pompé (énergie transformé ensuite en débit et hauteur d'élévation) selon les caractéristiques de fabrication de la pompe et en fonction des besoins spécifique à l'installation.

Le système centrifuge présente d'innombrables avantages par rapport aux types de pompage : il garantit un volume d'encombrement réduit, un service relativement silencieux et une mise en œuvre facile avec tous les types de moteurs électriques disponibles sur le marché.
Le nombre important des machines tournantes (pompe, turbine, compresseur,…etc.) dans l'industrie joue un rôle important dans la production où les pannes imprévues sont très coûteuses.

La compréhension du **comportement vibratoire** d'une machine est un enjeu industriel dont l'importance n'a cessé d'augmenter durant ces dernières années ; les études actuelles sur les **comportements vibratoires** des machines tournantes et **les traitements** ainsi que **les analyses** faites sur les signaux mesurés, peuvent relier les effets vibratoires observés aux causes matérielles qui les génèrent et fournir un outil très puissant pour les besoins de la maintenance, surtout dans l'industrie où la compétition est exprimée par la qualité et les coûts (l'industrie pétrolière et gazière).

Le stage pratique dans l'entreprise de **SONATRACH** m'a permis d'avoir une vision sur le rôle de l'analyse vibratoire dans le cadre de la maintenance et l'influence de débit sur les vibrations des pompes (cas de la pompe P004).

I. Présentation de la région de Hassi R'mel (sud d'Algérie)

I.1. Situation Géographique de Hassi R'Mel :

Le gaz naturel algérien se trouve essentiellement au niveau du gisement de Hassi R'mel (HR), à la porte du Sahara, se situe à 650km au sud de sidi bel-abbés, et à 26 Km par apport à la route nationale N° 1 qui relier entre les Wilayas de Ghardaïa et Laghouat.

Dans cette région relativement plate du Sahara l'altitude moyenne est d'environ de 750m, au-dessus du niveau de la mer, s'étend sur une superficie de 3500km².

Le climat est caractérisé par une pluviométrie faible (140 mm/an) et une humidité moyenne de 19% en été et 34% en hiver, les amplitudes thermique sont importantes varient de 0°C en hiver à 45°C en été, les vents dominants sont de direction nord ouest.

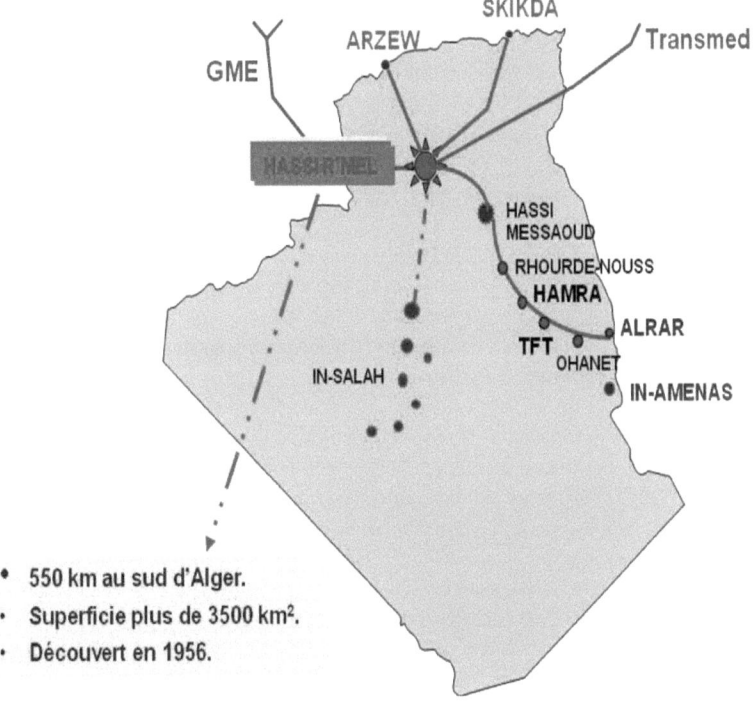

- 550 km au sud d'Alger.
- Superficie plus de 3500 km².
- Découvert en 1956.

Fig. I.1: *Situation Géographique de Hassi R'mel*

Le gisement de Hassi R'Mel est l'un des plus grands gisements de gaz à l'échelle mondiale. Il a une forme d'ellipse s'étale sur plus de 3500 km^2, 70km x 150 km de direction Sud ouest - Nord est, il se situe à une profondeur de 2132 m, la capacité de récupération du gisement est de l'ordre :
- 2600 milliards mètre cubes de gaz sec.
- 448 millions de tonnes de condensât.
- 120 millions de tonnes GPL (gaz pétroliers liquéfier).
- 20 millions de tonnes d'huile.

I.2. Historique des champs de Hassi R'Mel :

Dans le champ de Hassi R'Mel le premier puit (HR1) a été foré en 1956, ce puits a mis en évidence la présence de gaz riche en condensât à une pression de 310 bars et à une température de 90 C °.
De 1957 à 1960 sept puits (HR2, HR3, HR4, HR5, HR6, HR7 et HR8) a été foré, et en 1961 Le gisement de Hassi R'Mel a commencé à produire.

I.3. Développement du champ de Hassi R'Mel :

Le développement du gisement de Hassi R'Mel a été réalisé en plusieurs étapes, répondant à l'évolution économique du pays et au développement technologique du marché du gaz naturel.
1961- 1969 : Mise en exploitation de 06 unités de traitement de gaz d'une capacité de 04 Milliards de m^3 par an.
1972-1974 : Mise en exploitation de 06 unités supplémentaires pour atteindre une capacité de 14 milliards m^3 par an.
1975-1980 : Mise en œuvre et réalisation du :
- Quatre modules –usine- de traitement de gaz- dont la capacité nominale unitaire est de 20 milliards m^3 de par an gaz sec (modules 1, 2, 3 et 4).
- Deux stations de réinjections de gaz dont la capacité nominale unitaire est de 30 milliards m^3 par an de gaz sec (station nord et sud).
- Un centre de stockage et de transfert de condensât et de GPL. (CSTF).

Pour augmenter la capacité de traitement de 14 à 94 milliards m^3 par an et maximiser la récupération des hydrocarbures liquides tels que le condensât et le GPL.
Octobre 1981 : construction et mise en exploitation de centre de traitement d'huile (CTH1) à cause de la découverte de l'anneau d'huile -pétrole brut- qui entoure le gisement de gaz en 1980.
1985 : Réalisation et mise en service d'une unité (la phase B) pour la récupération des gaz torchés et la production du GPL des modules 0 et 1.
Juin 1987 : Démarrage du centre de traitement de gaz CTG/Djebel-Bissa d'une capacité de 1,4 milliards m^3 par an.
Novembre 1989 : mise en service de Centre de Traitement d'huile N°2 (CTH2).
Octobre 1992 : mise service de Centre de Traitement d'huile N°3 (CTH3).
Juillet 1993 : mise en service de Centre de Traitement d'huile N°4 (CTH4).

1995 – 1999 : Mise en service des unités de déshydratation de gaz de SBAA (ADRAR) et IN SALAH.
Avril 1999 : Démarrage de la Station de récupération des gaz associés (SRGA) d'une capacité de 1,2 milliards m³ par an.
Janvier 2000 : Démarrage du centre de traitement de gaz CTG/HR-Sud d'une capacité de 2,4 milliards m³ par an.
2004 : Réalisation et mise en service du projet BOOSTING qui est sensé d'augmenter la pression d'entrée des modules.
Actuellement la Capacité totale de traitement est de 98 milliards m³ par an.

I.4. Les installations gazières à Hassi R'Mel :

Le plan d'ensemble des installations gazières implantées sur le champ de Hassi R'Mel est élaboré de façon à avoir une exploitation rationnelle du gisement et pouvoir récupérer le maximum de liquide. Les cinq modules de traitement de gaz (0, 1, 2, 3, et 4) sont disposés d'une manière alternée par rapport aux deux stations de compression (station nord et sud), pour la raison d'un meilleur balayage du gisement (Fig I.2)

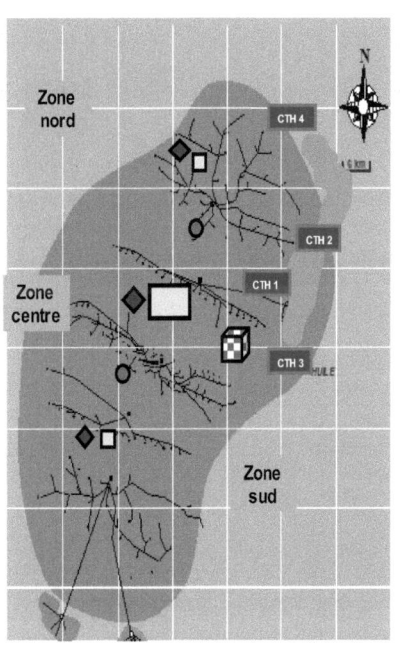

☐ : Unités de traitement gaz

● : Station de réinjection de gaz

◆ : Station BOOSTING

⬬ : Anneau d'huile

■ : Centre de traitement d'huile

▦ : Station de Récupération des Gaz Associés

Fig I.2: *Les installations gazières au champ Hassi R'mel*

I.5. Description des différentes unités à Hassi R'mel :
Sur le champ de Hassi R'mel, on trouve 8 unités à savoir :

5.1. Centre de traitement d'huile (CTH) :
C'est une usine constituée d'un ensemble d'équipements permettant de séparer tous les constituants indésirables du pétrole brut avant son expédition vers les réseaux de transport.

5.2. Centre de traitement de Gaz (CTG) :
Ce centre est constitué d'un ensemble d'équipements permettant la séparation et la production du gaz naturel déshydraté et d'un mélange d'hydrocarbures liquides constitué de condensât et de GPL.

5.3. Central de Stockage et Transfert des fluides (CSTF) :
C'est un centre de stockage et de transfert des hydrocarbures liquides, il est constitué de bacs (réservoirs cylindriques) pour le stockage de condensât, de réservoirs sphériques pour le stockage de GPL, d'un système de jaugeage des bacs, d'un système de comptage des quantités de condensât et de GPL expédiés pour la commercialisation et d'un ensemble de pompes pour expédier les produits.

5.4. Station de Récupération des Gaz Associés (SRGA) :
Cette station a été conçue pour récupérer les gaz associés provenant des CTH suit au traitement et à la stabilisation du pétrole brut, elle est constituée essentiellement de turbocompresseurs permettant d'élever la pression des gaz associés et de les expédier vers le module 4 pour y être traités avec le gaz brut.

5.5. Module :
C'est le diminutif de « module processing plant » (MPP) qui désigne une unité de traitement constituée d'un ensemble d'équipements conçus et réalisés pour permettre un traitement spécifique du gaz brut, pour produire du gaz naturel, du condensât et du GPL, conformément à un procédé approprié et répondant aux spécifications commerciales.

Le schéma d'exploitation du champ de Hassi R'mel est présenté comme suit :

> ➢ **zone centrale :**

Elle comporte 3 modules (usines de traitement de gaz) 0, 1,4 et les communs et les communs (phase B), plus un centre de stockage et transfert des liquides (CSTF), Ces modules sont alimentés par les puits de centre.

Le module « 0 » comporte deux trains identiques et indépendants d'une capacité de production globale de traitement :
- 30 million m^3/j de gaz sec.
- 1300 tonnes/j de GPL.
- 6100 tonnes/j de condensât.

Le module « 1 » comporte trois trains identiques d'une capacité de traitement de :
- 60 million m^3/j de gaz sec.
- 2300 tonnes/j de GPL.
- 6700 tonnes/j de condensât.

Le module « 4 » à trois trains identiques et d'une capacité de production globale :

- 60 million m³/j de gaz sec.
- 2300 tonnes/j de GPL.
- 6700 tonnes/j de condensât.

> ➢ **zone du Nord:**

Le module « 3 », alimenté par les puits du nord, comporte 3 trains identiques que ceux du module « 4 » et d'une capacité de :
- 60 million m³/j de gaz sec.
- 2700 tonnes/j de GPL.
- 6100 tonnes/j de condensât.
- La station de compression et de réinjection a une capacité de 90 million m3/j de gaz sec.

> ➢ **zone du Sud:**

On trouve :
- LE module « 2 » identique aux modules « 3 » et « 4 », il est alimenté par les puits du sud.
- La station de compression et réinjection sud est identique à celle du Nord.
- Le centre de traitement de gaz (TG/DJEBEL-BISSA) d'une capacité de traitement de 4 million cm3/j.
- Le centre de traitement de gaz HR-Sud.

> ➢ **Le Boosting :**

La pression d'entrée du gaz brut aux modules décroît avec le temps, ce qui influe sur la quantité et la qualité des produits de chaque catégorie, et sur les unités de traitement de gaz car ils sont conçus pour fonctionner à une pression minimale de 100 Bars à l'entrée.

Le rôle des stations Boosting est la compression de ces gaz brut issus des puits afin d'avoir une détente importante, donc une meilleure séparation.

I.6. Organisation de la direction régional de Hassi R'mel :

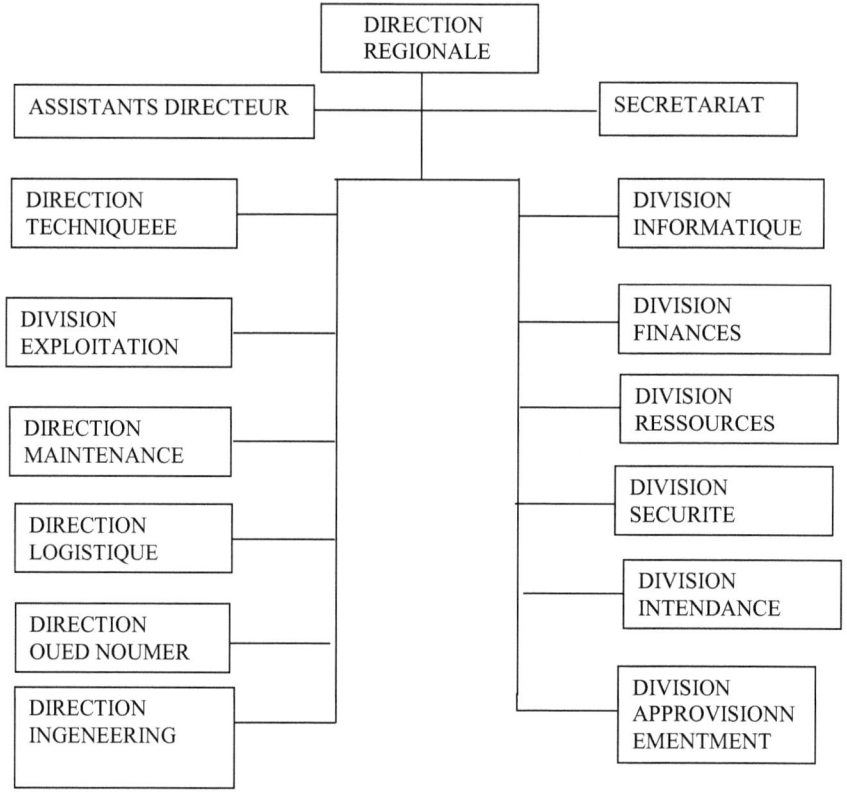

I.7. Missions et taches des structures rattachées à la direction régionale :

7.1. Direction régionale :
Elle a pour objectif l'établissement, la réalisation et le suivi des programmes détaillés de production et d'exploitation, dans le cadre des préventions de principes établis par le département petroleum engineering et développement.
Son organisation est représentée ci-dessous.

7.2 . Direction Engineering et Production :
Elle a pour objectif l'organisation et la mise en œuvre des services techniques, opérationnels et d'intervention sur toutes les installations de puits et les CTH (centre de traitement d'huile) à l'exception des unités de traitement.

7.3 .Direction d'exploitation :
Elle a pour objectif la réalisation de programme de production, de traitement, d'exploitation et d'injection des hydrocarbures établis pour la région.

7.4 . Direction de maintenance :
Elle a pour objectif la planification, le développement, l'organisation et la mise en œuvre des services de maintenance pétrolière liée aux besoins actuels et futurs de la région dans les différentes activités : mécanique, électromécanique, électricité, instrumentation et télécom.

7.5 . Direction logistique :
Elle a pour objectif la réalisation des travaux non pétroliers et de Génie civile, l'entretien de tous les locaux et logements : électricité, bâtiment, plomberie et climatisation ainsi que le transport.

7.6 . Direction technique :
Elle a pour objectif l'élaboration des charges et des contrats, l'évaluation des soumissions, la recommandation du choix du contractant, le suivi, la réalisation et supervision des travaux depuis le début jusqu'à la passation de l'ouvrage à l'utilisateur.

7.7 . Division de sécurité :
Elle a pour objectif le contrôle, l'organisation et la maintenance d'un haut niveau de sécurité des hommes et des installations industrielles, ainsi que le développement de la prévention.

7.8 . Division informatique :
Elle a pour objectif la gestion et le développement et la maintenance de l'outil informatique.

7.9 . Division d'intendance :
Elle a pour objectif la prestation des services de restauration et d'hébergement et la gestion des patrimoines mis à disposition.

7.10 . Division de finances :
Elle a pour objectif la prestation des services de trésorerie, de comptabilité générale, de comptabilité de gestion et de contentieux au niveau de la région.

7.11 . Division d'approvisionnement :
Elle recouvre les activités d'achat et de gestion de stock et reste lié Intiment à la logistique.
L'acte d'achat professionnel, constitue un accomplissement marque l'achèvement d'un processus toujours identique.

7.12 . Division de ressources humaines :
Elle a pour objectif l'organisation et le contrôle des activités de la région en matière de recrutement, formation, gestion du personnel, prestation sociales, activités culturelles et administration générale.

I.8. Traitement du gaz naturel :

Le gaz subit différent traitement pour extraire ses composants utiles les adaptées aux normes de vente. Les procédés de traitement sont basés sur les principes de la thermodynamique c'est-à-dire sur les échanges thermiques suivant une détente et cela pour liquéfier le gaz.

A l'état liquide, la séparation des différentes compositions se fait suivant leurs densités .Généralement la qualité d'un gaz dépend de son pouvoir calorifique donc du nombre d'atomes de carbone dans la molécule de ses composant alors il en résulte que les factions lourdes qui le composant représentent son facteur de qualité.

Dans le pratique, l'utilisation des procède dépend généralement :
- Des coûts de l'investissement.
- Du taux de récupération des hydrocarbures liquides.
- Des paramètres et composition du gaz brute.

Les procèdes utilisés dans la région de HR sont :

> **PROCEDES DE PRICHARD** : Il est basé sur l'utilisation de la boucle propane pour la liquéfaction du gaz .Avec ce procède on peut atteindre la température de -23C°

> **PROCEDES DE HUDSON** : Ce procède est caractérisé par le turbo-expander dans lequel le gaz subit une détente isentropique après sont passage par une série de refroidissement et détente à travers différent échangeur avec ce procède on peut atteindre la température de- 40°C

Par la comparaison de ces deux procèdes, on voit que le procéder de HUDSON est le plus efficace pour la récupération maximal du liquide.

Comme il est indiqué ci-dessus, ce procédé dépend fortement des paramètres du gaz en provenance du puits c'est-à-dire la température, la pression et la densité.

D'un autre côté, ces paramètres chargent d'une manière sensible « diminution de pression et de densité » au cours des années d'exploitation. Pour cette raison, il a été décide d'installe une station de réinjection et de compression.

8. 1. Description procédés de PRICHARD :

Le gaz brut venant de boosting arrivant au module à une température qui peut attendre 65°C et une pression de 140 kg/cm² où il sera reparti sur les trois trains à l'aide de séparateur d'admission V201.Une fois le gaz arrivé au train ou l'emmagasine dans le séparateur de condensât V203 à une température de 65 °C et pression de 130 Kg/Cm², dans ce dernier le gaz brut est séparé en condensât, l'eau et les gaz.

Les gaz sont envoyés vers le séparateur V204 qui donne les gaz de vent (gaz sec) et les liquides sont recyclés vers le séparateur V205 ou on obtient la deuxième fois les gaz sec et condensât.

Le liquide du séparateur V203 et les vapeurs récupérés du séparateur V205 sont envoyés vers la colonne T201.

Les produits du dééthaniseur T201 sont du condensât non stable seront chauffés dans des fours H201, ce condensât stable sera transmis au ballon V208 et une partie sera envoyée vers T202 qui donne le GPL.

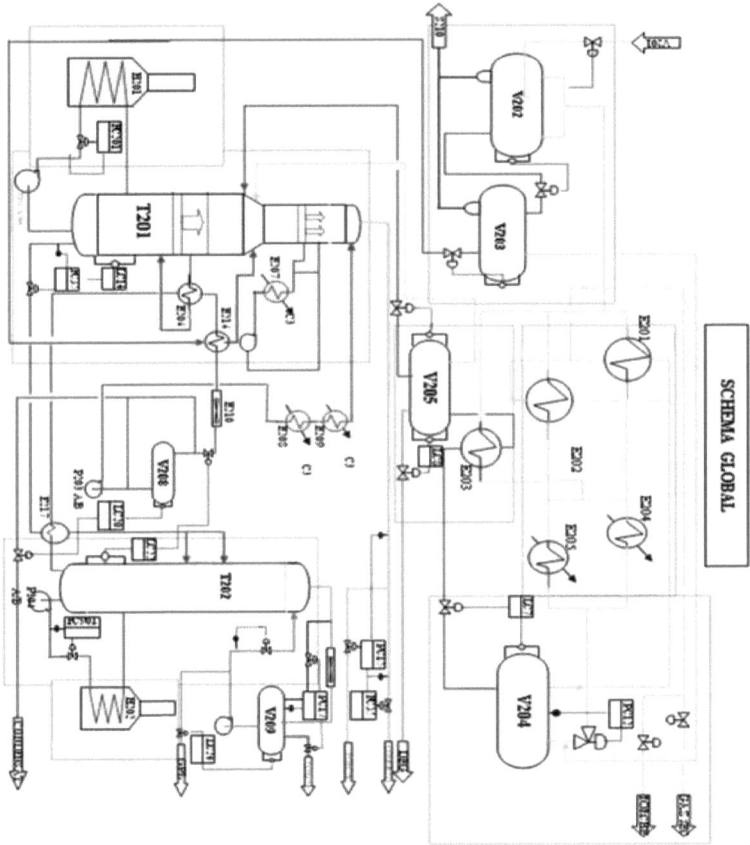

Fig I.3: Procédé PRICHARD

8.2. Description du procédé de HUDSON :

Le gaz brut en provenance des puits (avec 60°C et 120 bars) est réparti en trois lignes de même capacité 20 millions m³/jours à l'aide d'un diffuseur D001. Le gaz est refroidi par des aèroréfrigérants E101 jusqu'à 40°C, puis se dirige vers le premier séparateur D101, où les hydrocarbures et l'eau sont séparés. Le gaz passe à travers des échangeurs de chaleurs gaz/gaz E102/ E103 où il est refroidi jusqu'à -6°C, il passe ensuite à travers une vanne où il sera décomposé jusqu'à 100 bars et à -16°c, avant d'arriver au séparateur D102. Le gaz sort du séparateur pour s'introduire dans le turbo-expander ou ils subissent une détente isentropique jusqu'à 64 bars et -37°C, puis il passe par le coté calandre E102 et sera expédié après une compression jusqu'à 72 bars et 40°C par le compresseur du turbo-expander.

Les hydrocarbures liquides condensés du D101 se dirigent vers un ballon à une pression de 32 bars où ils subirent un flash, le condensât alimente le dééthaniseur C101, les condensât du D102 et D103 se rejoignent et passent dans le séparateur D104. Les hydrocarbures liquides du D104 alimentent la partie supérieure du C101.

Les gaz moyenne pression du D104 et D107 se mélangent et passent leurs frigories au gaz brut dans l'échangeur gaz / gaz E103. Ces gaz et ceux du ballon D105 sont décomprimés au niveau du compresseur K002 à 74 bars et rejoignent la ligne de gaz sec.

Les liquides alimentent le 5éme plateau du C101 passant à travers l'échangeur de reflux E106, quant à ceux provenant du D107 ils sont préchauffés dans l'échangeur d'alimentation E104. Le gaz de tête du C101 est partiellement condensé dans l'E106.

Le chauffage des liquides du fond du C101 s'effectue à l'aide du rebouilleur H101 Le condensât se dirige ensuite vers le débutaniseur C102 où il y a récupération de G.P.L, une partie de celui-ci est utilisé comme reflux, l'autre partie est envoyée vers l'expédition, du fond du débutaniseur est soutiré le condensât "sec" puis envoyé vers la section de stockage (bacs) après être refroidi dans l'échangeur E104 et les aéroréfrigérants E107.

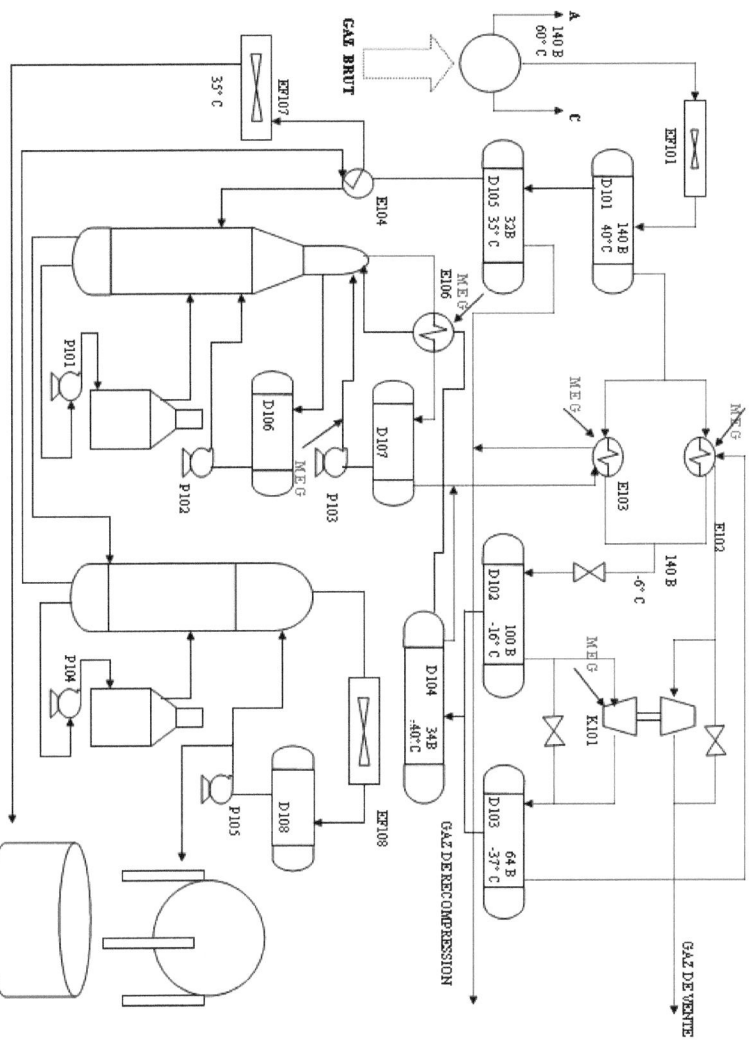

Fig I.4: Procède de HUDSON

I.9. Spécification des produits obtenus :
✓ **Gaz sec :**
- Point de rosé : -13 à –14 avec p=72 bars.
- PCI (9300 à 9320 kcal/m).
- Teneur en C_5 : 0.14 à 0.20% molaire maximum.

✓ **Condensat :**
- tension de vapeur maximum : 10 PSI

✓ **GPL :**
- teneur en C_2 : 3%   maximum
- teneur en C_5 : 0.5% maximum

9.1. Capacité traité :

La capacité de production des hydrocarbure liquides et gaz traités, est donnée par le tableau suivant, par unités de production existantes au champ de HASSI R'MEL.

Zone	Centre			Nord	Sud
Unités de production	MPP1	MPP0	MPP4	MPP3	MPP2
Nombre de puits producteurs	30	14	32	53	32
Gaz traité (m³/J)	6.10^6	3.10^6	6.10^6	6.10^6	6.10^6
Condensât (T/J)	11300	6100	1800	1800	1800
GPL (T/J)	2400	1300	2700	2700	2700

Tableau I.1: *Capacité traité*

9.2. Capacité de stockage :

La capacité de stockage au CSTF (centre de stockage et de transfert), est donnée par le tableau suivant :

Condensât	224000 m³
GPL	68000 m³

Tableau I.2: *Capacité de stockage*

9.3. Capacité de réinjection du gaz :

La réinjection du gaz dans le gisement est nécessaire pour maintenir la pression du gisement et pour récupérer plus de liquide. Deux stations de réinjection une au nord et l'autre au
sud dotées des compresseurs entraînés par des turbines, sont installées pour assurer l'injection. La capacité de réinjection est donnée par le tableau suivant :

Unités	Capacité	Nombre de turbines
Station de Compression nord et sud	180 millions de m^3/J	36 turbines

***Tableau* I.3:** *Capacité de réinjection du gaz*

II. Etudes de vibrations

Toutes les machines en fonctionnement produisent des vibrations. La détérioration du fonctionnement se traduit par une « modification de répartition de l'énergie vibratoire » conduisant le plus souvent à un accroissement du niveau des vibrations. En observant l'évolution de ce niveau, il est par conséquent possible d'obtenir des informations très utiles sur l'état de la machine.

L'utilisation des vibrations pour surveiller les machines n'est pas nouvelle - puisque les mécaniciens posaient autrefois leur tournevis sur un moteur pour en « écouter les mouvements internes – mais ces techniques « sensitives » se sont aujourd'hui modernisées grâce à l'apparition de matériels nouveaux, au point de faire de l'étude des vibrations, un des outils les plus utiles à la maintenance moderne …..(1)

II.1. Généralités :

Le principe de l'analyse des vibrations est basé sur l'idée que les structures de machines, excitées par des efforts dynamiques, donnent des signaux vibratoires dont la fréquence est identique à celle des efforts qui les ont provoqués ; et la mesure globale prise en un point est la somme des réponses vibratoires de la structure aux différents efforts excitateurs. On peut donc, grâce à des capteurs placés en des points particuliers, enregistrer les vibrations transmises par la structure de la machine et, grâce à leur analyse, identifier l'origine des efforts auxquels elle est soumise.

De plus, si l'on possède la « signature » vibratoire de la machine lorsqu'elle était neuve, ou réputée en bon état de fonctionnement, on pourra, par comparaison, apprécier l'évolution de son état ou déceler l'apparition d'efforts dynamiques nouveaux consécutifs à une dégradation en cours de développement. La mesure d'une vibration transmise par la structure d'une machine sous l'effet d'efforts dynamiques sera fonction de multiples paramètres que l'on peut séparer en trois groupes …. (2)

> *1ᵉʳ groupe :*
- Masse, rigidité et coefficient d'amortissement de la structure qui véhicule les vibrations.
- Caractéristiques de fixation de la machine sur le sol qui oppose des réactions aux vibrations et modifie l'intensité.
- Positionnement de la prise de mesure.

Ces éléments sont généralement regroupés sous le terme de « **fonction de transfert** » caractéristique de la structure.

> *2ème groupe*
- Position et fixation du capteur sur la machine.
- Caractéristiques du capteur.

o Préamplification et transmission du signal.
o Performance de l'appareil analyseur.

Ces paramètres concernent les caractéristiques de la chaîne de mesure que l'on doit s'efforcer de rendre invariables d'une mesure à l'autre.

➤ *3ème groupe*
o Vitesse de rotation et puissance absorbée.
O Etat des liaisons de la chaîne cinématique (alignement, balourd, engrenages, roulements etc.).

II.2.Qu'est-ce qu'une vibration ?

On désigne par *vibration* la variation dans le temps d'une grandeur quelconque. Il existe de nombreux exemples, qu'ils soient artificiels ou naturels, pour lesquels on observe un tel phénomène de va-et-vient autour d'une position de repos.
Une **vibration** est un mouvement d'oscillations autour d'une position d'équilibre stable ou d'une trajectoire moyenne. La vibration d'un système peut être de 2 types:

- Vibration libre
- Vibration forcée

II.3. Naissance d'une vibration :

Dans notre exemple de la figure 1, une vibration est créée lorsque l'on déplace la masse (la boule) de sa position d'équilibre à une position maximale ou minimale.

Une vibration est un mouvement autour d'une position de repos (ou d'équilibre)

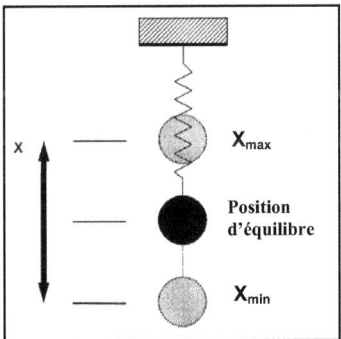

Fig. II.1 : Naissance d'une vibration

Equipons maintenant cette boule d'un système de marquage et faisons défiler à vitesse constante une bande de papier dans une direction perpendiculaire au mouvement.

Nous enregistrons ainsi le diagramme *amplitude - temps* (fig. II.2).

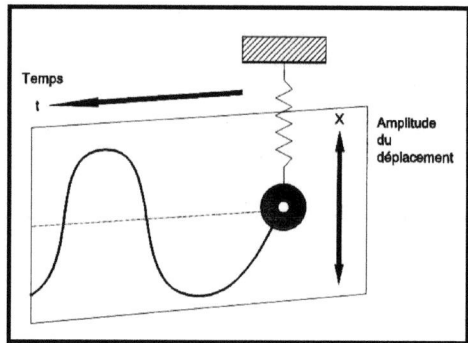

Fig. II.2: Enregistrement du diagramme **amplitude – temps**

II.4. Nature des vibrations :

Les vibrations mécaniques sont des mouvements oscillant autour d'une position moyenne d'équilibre. Ces mouvements oscillants caractéristiques de l'effort qui les génère, peuvent être, soit périodiques, soit apériodiques (transitoires ou aléatoires) selon qu'ils se répètent ou non, identiquement à eux-mêmes après une durée déterminée.

↳ Les vibrations périodiques peuvent correspondre à un mouvement sinusoïdal pur comme celui d'un diapason ou, plus généralement, à un mouvement complexe périodique que l'on peut décomposer en une somme de mouvements sinusoïdaux élémentaires, plus faciles à analyser.

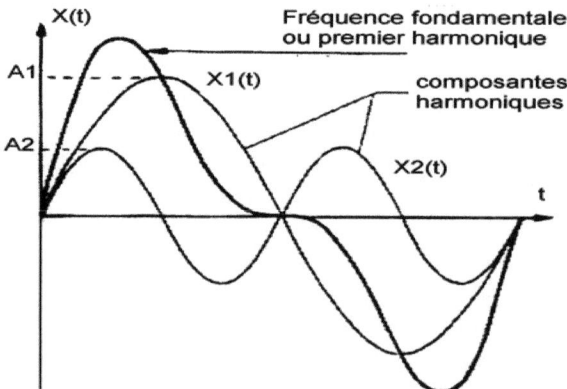

Fig. II.3: Vibration périodique transitoire.

Les mouvements sinusoïdaux élémentaires sont appelés « composantes harmoniques » et leurs fréquences sont des multiples entiers de la fréquence du mouvement étudié qui est appelée «fréquence fondamentale» ou fréquence de l'harmonique d'ordre 1.

- vibrations transitoires (comme par exemple la vibration provoquée par un marteau pilon) sont générées par des forces discontinues (chocs).

Elles peuvent présenter ou non un aspect oscillatoire revenant à une position d'équilibre après amortissement. Lorsqu'il existe des oscillations, comme pour une structure qui vibre après un choc et pour laquelle le coefficient d'amortissement est faible, on dit qu'il y a un amortissement sub-critique, et le mouvement est pseudopériodique. Si l'amortissement est très important, la structure revient à sa position d'équilibre sans oscillation, on dit alors que l'amortissement est sur-critique et le mouvement est apériodique.

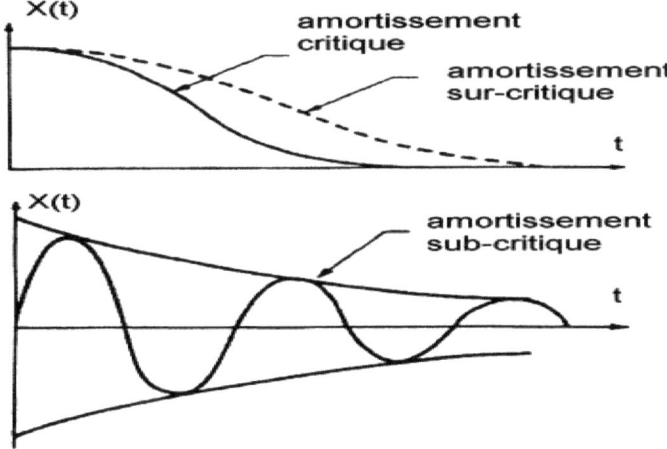

Fig. II.4: Vibration périodique aléatoire.

Ces deux types de mouvements transitoires peuvent être décrits par des fonctions mathématiques.

Les vibrations aléatoires (*comme par exemple la vibration générée par le phénomène de cavitation sur une pompe*) sont caractérisées par un mouvement oscillant aléatoire qui ne se produit pas identiquement à lui-même comme les mouvements périodiques. Les vibrations aléatoires ne peuvent être représentées mathématiquement que par une série de relations de probabilités car il faudrait théoriquement un temps infini pour les analyser, mais on peut considérer que la fonction aléatoire est une fonction périodique dont la périodicité est égale à l'infini et que cette fonction est constituée d'une infinité de fonctions sinusoïdales dont la fréquence varie de façon continue .... **(3)**

Ces vibrations caractéristiques sont donc toutes identifiables et mesurables. La tendance à l'accroissement de leur intensité est représentative de l'évolution de l'effort qui les génère et révélatrice du défaut qui se développe.

II.5. Utilisation contractuelle des nonnes:

On classe généralement les vibrations d'après l'évolution de la variable considérée dans le temps (*périodicité*). On distingue ainsi les vibrations :
- Harmoniques
- Périodiques
- Apériodiques

II. 5.1. Vibrations harmoniques :

Une vibration harmonique est une vibration dont le diagramme ***amplitude - temps*** est représenté par une sinusoïde (fig.5).
Le meilleur exemple d'une vibration harmonique est celle générée par le balourd d'un rotor en mouvement.

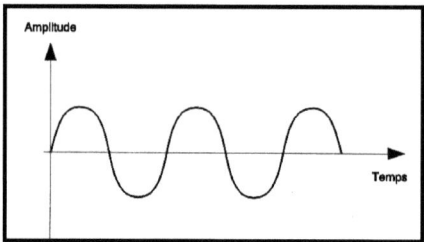

Fig. II.5: *Vibration harmonique*

Elle est décrite par l'équation (1) avec :
ω : Vitesse angulaire ou pulsation du mouvement (**2Π f**)
f : Fréquence du mouvement
φ : Phase du mouvement par rapport à un repère dans le temps
Ces notions sont décrites plus précisément au paragraphe qui :

$$x(t) = X . \sin(\omega . t + \varphi) \qquad (1)$$

II.5.2. Vibrations périodiques

Une vibration périodique est telle qu'elle se reproduit exactement après un certain temps appelé période (fig.6). Une telle vibration est créée par une excitation elle-même périodique. C'est le cas le plus fréquent rencontré sur les machines.

> Une vibration périodique est la composée de plusieurs vibrations harmoniques

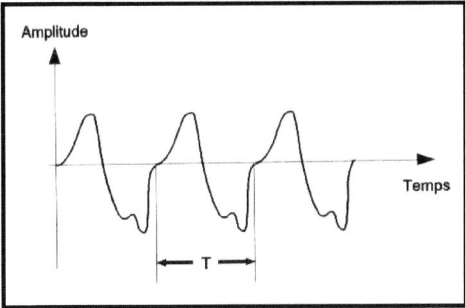

Fig. II.6: *Vibration périodique*

Elle est décrite par l'équation (2)

$$x(t) = \sum_{i=1}^{n} \left[X_i . \sin(\omega_i . t + \varphi_i) \right] \qquad (2)$$

II. 5.3. Vibrations apériodiques :

Une vibration apériodique est telle que son comportement temporel est quelconque, c'est-à-dire que l'on n'observe jamais de reproductibilité dans le temps (fig.7). C'est le cas des chocs que l'on enregistre sur un broyeur.

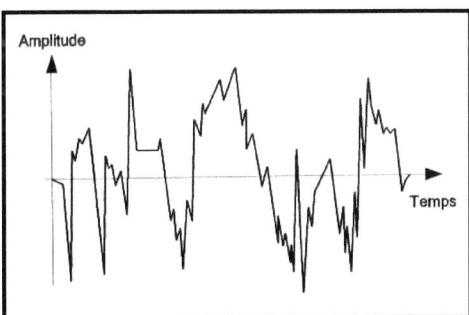

Fig. II.7: *Vibration apériodique*

Elle est décrite par l'équation (3)

$$x(t) = \sum_{i=1}^{\infty} \left[X_i . \sin(\omega_i . t + \varphi_i) \right] \qquad (3)$$

II.6. grandeur caractéristique :

Un système mécanique est dit en vibration lorsqu'il est animé d'un mouvement de va-et-vient autour d'une position moyenne, dite position d'équilibre.

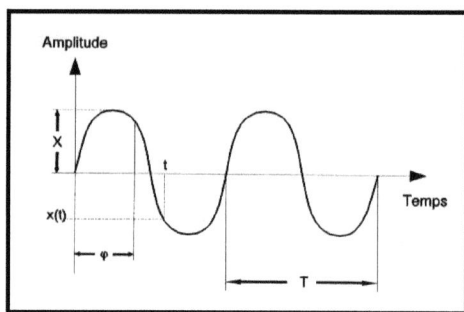

Fig. II.8 : *Grandeurs remarquables*

Variable x(t) : C'est la valeur instantanée de la grandeur considérée.
Module X : C'est la plus grande valeur que la variable x(t) puisse prendre.
Période T : C'est l'intervalle de temps au bout duquel la variable x(t) reprend la même valeur dans la même direction (unité : seconde [s]).
Fréquence f : C'est le nombre de périodes par unité de temps. La fréquence est l'inverse de la période.

$$f = \frac{1}{T}$$

Pulsation ω: Encore appelée vitesse angulaire, sa formule est :

$$\omega = 2\pi f$$

(Unité : radian/seconde [rad/s])

Phase φ: La phase est représentative du temps qui s'écoule entre une référence que l'on se donne et l'instant que l'on considère. Elle est exprimée en unités d'angle, sachant que :
- À t = 0   φ = 0 rad
- A t = T   φ = 2π rad (ou 360°)

La notion de phase n'a de signification que pour une vibration harmonique *Une vibration se caractérise principalement par sa fréquence, son amplitude et sa nature.*

6.1. Fréquence:
6.1.1 Définition :
La fréquence est le nombre de fois qu'un phénomène se répète en un temps donné. Lorsque l'unité de temps choisie est la seconde, la fréquence s'exprime en hertz (Hz). Une vibration qui se produira 50 fois par seconde aura donc une fréquence de 50 hertz.
1 hertz = 1 cycle/seconde
L'hertz est la fréquence d'un phénomène périodique dont la période est 1 seconde.
(Source : norme française NF X 02-202.)

6.1.2 Relation entre fréquence et période :
Si la fréquence f d'un phénomène est de 50 hertz, c'est-à-dire 50 cycles par seconde, la durée d'un cycle (ou période T) est de 1/50e de seconde. Ainsi

$$f = 50 \text{ hertz}$$
$T = 1/50^e$ de seconde
La fréquence f est donc l'inverse de la période T :

$$f = \frac{1}{T}$$

6.1.3 Unités :
Si l'unité normalisée (unité SI) de la fréquence est le hertz (Hz), on rencontre parfois des valeurs exprimées en CPM (cycle par minute) ou RPM (rotation par minute). D'où :

$$1 \text{ Hz} = \frac{1 \text{CPM}}{60} = \frac{1 \text{RPM}}{60}$$

Notons que l'utilisation de RPM n'a pas de sens dans le cas de phénomènes de type aléatoire (cavitation d'une pompe ou défaut de lubrification sur un roulement) et peut même être source de confusion (cas d'un défaut des courroies sur une transmission, où l'on ne sait plus s'il est question de la fréquence de rotation de la poulie menant, de la poulie menée ou, de la fréquence de passage des courroies).
Il est intéressant parfois d'exprimer des phénomènes liés à la rotation en multiple ou ordre de la fréquence de rotation. Cette formulation présente l'intérêt de lier le phénomène vibratoire à une fréquence de référence (souvent la fréquence de rotation de la ligne d'arbres qui l'induit).

6.2. Amplitudes :
6.2.1 Définitions :
On appelle amplitude d'une onde vibratoire la valeur de ses écarts par rapport au point d'équilibre. On peut définir :
➢ l'**amplitude maximale par rapport au point d'équilibre** appelée amplitude crête (A_c) ou niveau crête ;
➢ l'**amplitude double**, aussi appelée l'amplitude crête à crête (A_{cc}) (*to peak*, en anglais) ou niveau crête-crête ;

> l'**amplitude efficace** (A_{eff}), aussi appelée RMS (*root mean square*, en anglais) ou niveau efficace.

• Dans le cas d'une vibration de type sinusoïdal l'amplitude efficace s'exprime en fonction de l'amplitude crête de la façon suivante :

$$A_{eff} = \frac{A_c \sqrt{2}}{2} = 0{,}707\, A^c \qquad (4)$$

• Dans le cas d'une vibration complexe quelconque (figure 1.1b), il n'existe pas de relation simple entre la valeur crête de l'amplitude (A_c) et la valeur efficace de l'amplitude (A_{eff}) qui se définit mathématiquement par la relation :

$$A_{eff} = \sqrt{\frac{1}{T}\int_0^T a^2(t)\,dt} \qquad (5)$$

Avec :

• a(t), l'amplitude instantanée du signal vibratoire,
• T, la durée d'analyse du signal vibratoire. ......(18)

II.7. Les grandeurs de mesure :

Une vibration mécanique peut être mesurée selon les trois grandeurs suivantes :
• déplacement
• vitesse
• accélération

Généralement cette relation est obtenue par processus d'intégration réalisé directement par la plupart des appareils de mesure courants par exemple : (vibrostor 41, du constructeur SCHENCK). Si on observe un système mécanique simple constitue d'une masse suspendue à un ressort (figure 7), on constate que le mouvement de la masse se traduit par :

7.1. Un déplacement : figure (II.9) la position de la masse varie de part de d'équilibre et d'autre, de la limite supérieure à la limite inférieure du mouvement.

7.2. Une vitesse :(figure II.9) cette vitesse sera nulle au point haut et au point bas du mouvement de la masse et sera maximale autour du point d'équilibre (en cas statique)

7.3. Une accélération :(figure II.9) celle-ci permet à la masse de passer de sa vitesse minimale à sa vitesse maximale et, en décélération, de sa vitesse maximale à sa vitesse minimale.

✓ **Le déplacement X (t)** : d'une vibration harmonique et d'écrit par l'équation :

$$x(t) = X \sin(\omega t + \varphi) \qquad (6)$$

ω : pulsation
φ : la phase
X : amplitude

Les unités couramment utilisées sont les micromètres (μm).

- **La vitesse vibratoire v(t) :** La vitesse V (t) de cette vibration s'obtient par dérivation de x (t) par rapport au temps :

$$v(t) = \frac{dx(t)}{dt} = X \omega \cos(\omega t + \varphi)$$

$$v(t) = V \sin(\omega t + \varphi + \pi/2) \qquad (7)$$

Les unités couramment utilisées sont le millimètre pas seconde (mm/s) ou inch par second (IPS) avec 1 (IPS) = 25.4 (mm/s).

- **L'accélération vibratoire :** L'accélération a (t) de cette vibration s'obtient par dérivation de l'équation de v (t) par rapport au temps :

$$A(t) = \frac{dv(t)}{dt} = V \omega \cos(\omega t + \varphi + \pi/2)$$

$$A(t) = A \sin(\omega t + \varphi + \pi)$$

$$A(t) = -A \sin(\omega t + \varphi) \qquad (8)$$

Les unités utilisées couramment sont le mètre par second carré (m/s^2) ou le (g), g étant l'unité d'accélération de la pesanteur. A Paris 1(g) = 9.81 (m/s^2) ....(1)

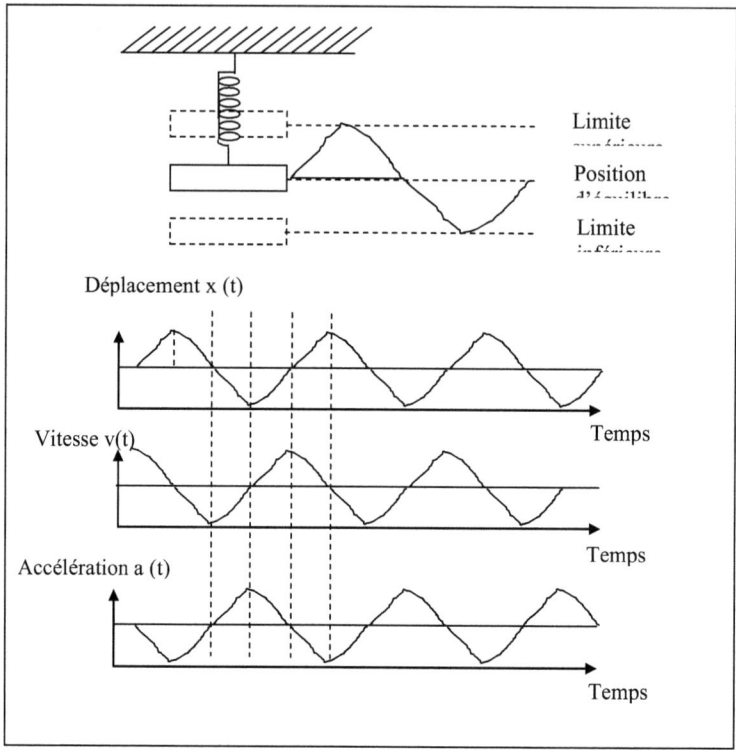

Fig. II.9 : Représentation du mouvement d'un système masse-ressort

II.8. Représentation du signal vibratoire :
8.1 Représentation spectrale (ou fréquentielle)

Le spectre est le concept fondamental de l'analyse en fréquence. C'est la représentation d'un signal dont l'amplitude ne serait plus donnée en fonction du temps mais en fonction de sa fréquence.

Si l'on décrit mathématiquement un signal sinusoïdal, nous obtenons
$A(t) = A \sin(\omega t + \Phi_0)$ où A est l'amplitude maxi du signal ω la pulsation en rd/s ($\omega_0 = 2\pi f_0$) φ_0 la phase à l'instant t = 0.

Pour décrire complètement ce signal, il suffit de connaître :
    A amplitude maxi
    f_0 fréquence du signal
    φ_0 phase

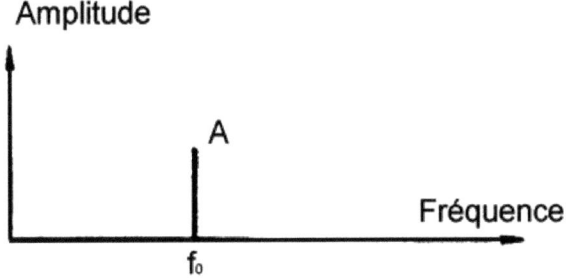

Fig. II.10 : *Représentation fréquentielle*

II.9. Méthodes d'étude des vibrations :

Une onde vibratoire peut-être étudiée par plusieurs méthodes qui correspondent à des niveaux différents de connaissance du phénomène et à l'utilisation de matériels d'analyse plus ou moins sophistiqués :
- Mesure de la valeur globale
- Technique de résonance
- Analyse spectrale

9.1. Mesure de la valeur globale :

La mesure de la valeur globale est une méthode approximative d'analyse du signal qui fait abstraction du paramètre fréquentiel pour ne mesurer que l'amplitude évaluée :

- ✓ en valeur crête à crête (1) c'est à dire en mesurant l'amplitude maximum de l'onde fondamentale, mesure utile par exemple lorsque le déplacement vibratoire d'une machine est critique en regard des contraintes de charge maximale ou de jeu mécanique.
- ✓ en valeur crête (2), mesure intéressante pour indiquer par exemple le niveau d'un choc de courte durée.
- ✓ en valeur efficace (3), mesure qui tient compte de l'évaluation de la valeur des composantes harmoniques et directement reliée au contenu énergétique de la vibration.

A noter que ces valeurs d'amplitudes d'utilité complémentaire peuvent représenter un déplacement, une
vitesse ou une accélération, car vitesse et accélération sont aussi des fonctions sinusoïdales obtenues après dérivation de la fonction déplacement

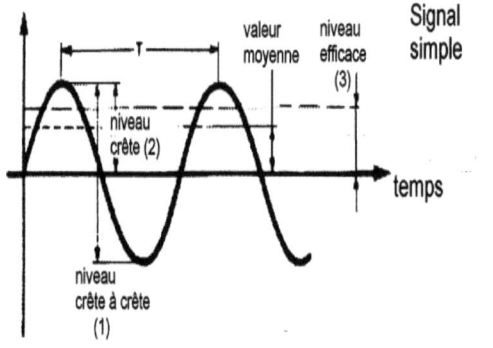

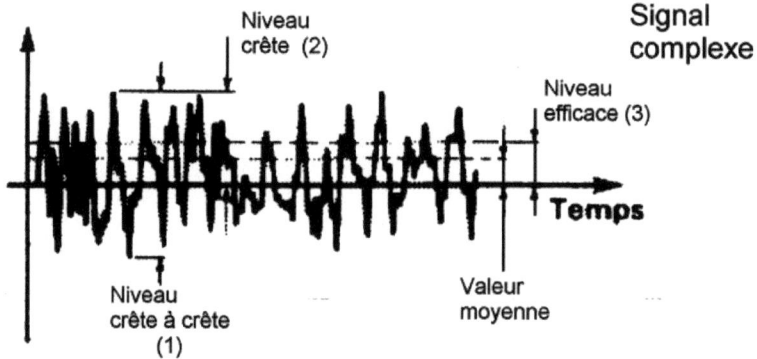

Fig. II.11 : *Représentation de signal simple et complexe.*

A partir des caractéristiques d'une machine surveillée, et des fréquences auxquelles apparaissent les anomalies, il est donc possible, comme le montrent les tableaux ci-après représentant un ensemble moteur-multiplicateur-compresseur, de détecter l'origine d'un défaut et d'en suivre l'évolution.

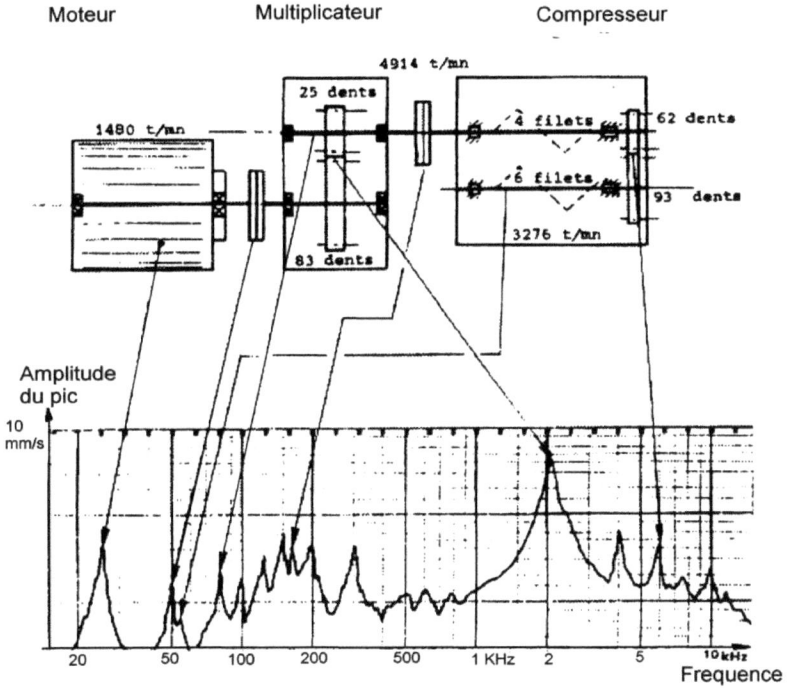

	Fréquence de la vibration en Hertz		
25	Fondamental rotor moteur	328	Effet d'aubes des rotors du compresseur (engrènement)
50	Alignement moteur/multiplicateur	656	Effet d'aubes des rotors du compresseur (harmonique)
54.6	Rotation vis entraînée du compresseur	2075	Engrènement roue/pignon du multiplicateur
82	Fondamental vis motrice du compresseur et arbre G.V du réducteur	5084	Enregistrement pignon/roue des 2 rotors du compresseur
164	Alignement multiplicateur/ compresseur		

Fig. II.12 : *Exemple d'une analyse spectral*

On voit, à 2075 hertz, un pic d'amplitude importante correspondant à la fréquence d'engrènement roue/pignon du multiplicateur, et significatif d'une anomalie probable.

9.2. Les modes de détections :

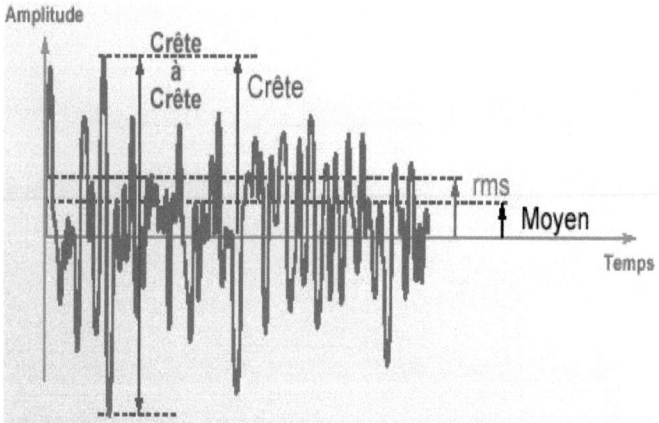

Fig II.13 : *représentation des différentes amplitudes des vibrations complexes*

9.3. Valeur efficace (eff) :
C'est la moyenne quadratique des valeurs efficaces des vibrations harmoniques
- A_{eff} : S'exprime en fonction d'amplitude crête par la relation suivant :

$$A_{eff} = Ac\frac{\sqrt{2}}{2} = 0.707 Ac$$

- Dans le cas d'une vibration complexe le (A_{eff}) N'a aucune relation avec (A_c)

$$A_{eff} = \sqrt{\frac{1}{T}\int_0^T a^2(t)dt}$$

9.4. Valeur crête (Ac) :
La valeur maximale prise par la variable **X (t)** dans le sens positif ou négatif.

9.5. Valeur crête à crête (A_{cc}) :
C'est la somme des deux valeurs crêtes pour les sens positifs et négatifs.

III. Diagnostic des défauts

L'analyse vibratoire est un des moyens utilisés pour suivre la santé des machines tournantes en fonctionnement. Cela s'inscrit dans le cadre d'une politique de maintenance prévisionnelle de l'outil de production industrielle.
Les objectifs d'une telle démarche sont de :

- réduire le nombre d'arrêts sur casse ;
- fiabiliser l'outil de production ;
- augmenter son taux de disponibilité ;
- mieux gérer le stock de pièces détachées, etc.

A partir des vibrations régulièrement recueillies sur une machine tournante, l'analyse vibratoire consiste à détecter d'éventuels dysfonctionnements et à suivre leur évolution dans le but de planifier ou reporter une intervention mécanique.

Il existe deux technologies permettant de réaliser une surveillance vibratoire :

- **Par mesure directe du déplacement des parties tournantes** (arbres de machines). Réalisée à l'aide de capteurs à courants de Foucault, ces mesures, leur interprétation et leurs applications ne sont pas traitées ici. La technologie mise en œuvre est lourde. Une application courante est la surveillance des machines à paliers hydrauliques (à coin d'huile). Cette surveillance est presque toujours réalisée **on line** c'est-à-dire en temps réel. Les capteurs mesurent en permanence les déplacements des arbres et autorisent ainsi le déclenchement immédiat d'alarmes en cas de dysfonctionnement.

- **Par mesure de l'accélération subie par les parties fixes de la machine** (carters). Les moyens mis en œuvre sont, dans ce cas, beaucoup plus accessibles aux petites structures. À l'aide d'un accéléromètre relié à un collecteur de données, le technicien recueille les vibrations subies par les carters des machines. Cette technique se prête aussi bien à la surveillance on line qu'à la surveillance périodique effectuée lors de rondes selon un calendrier préétabli.

L'industrie lourde, généralement utilisatrice de turbomachines, a souvent recours à l'ensemble des deux technologies afin de réaliser une surveillance vibratoire performante de son outil de production.
Cependant, si les arbres des machines surveillées sont montés sur roulements (c'est le cas pour la majorité d'entre elles), une surveillance périodique par mesure sur les parties fixes permet une analyse très fine de l'état des machines. Les objectifs énoncés plus hauts sont donc atteints dès l'instant où l'activité est confiée à du personnel compétent et expérimenté. D'autre part, les coûts de préparation et de mise en œuvre étant très largement inférieurs à

ceux de la technologie utilisant les capteurs à courants de Foucault, la surveillance périodique séduit les PMI. Même si ces dernières ne possèdent pas les compétences internes, elles

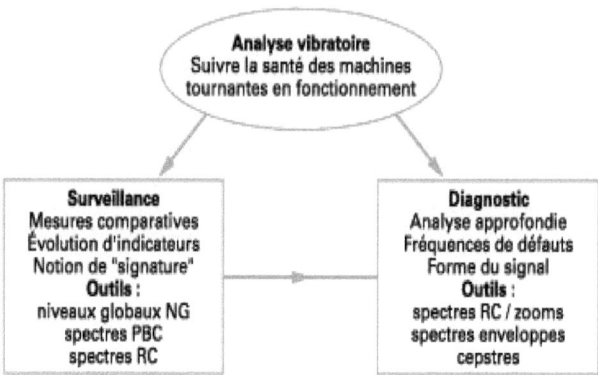

n'hésitent plus à sous-traiter la surveillance vibratoire de leur parc de machines tournantes.

Fig. III.1: *Schéma d'une analyse vibratoire*

Le schéma de la figure III-1 présente, de façon simplifiée, l'analyse vibratoire réalisée à partir de mesures effectuées sur les parties fixes des machines surveillées.... (16)

On distingue communément deux principales activités :

- La **surveillance** : le but est de suivre l'évolution d'une machine par comparaison des relevés successifs de ses vibrations. Une tendance à la hausse de certains indicateurs par rapport à des valeurs de référence constituant la **signature** alerte généralement le technicien sur un dysfonctionnement probable. Idéalement, la signature est établie à partir d'une première campagne de mesures sur la machine neuve ou révisée.

- Le **diagnostic** : il met en œuvre des outils mathématiquement plus élaborés. Il permet de désigner l'élément de la machine défectueux suite à une évolution anormale des vibrations constatée lors de la surveillance. Le diagnostic n'est réalisé que lorsque la surveillance a permis de détecter une anomalie ou une évolution dangereuse du signal vibratoire. La surveillance peut être confiée à du personnel peu qualifié. Le diagnostic demande de solides connaissances mécaniques et une formation plus pointue en analyse du signal.

III.1. Description de l'équipement de mesure de vibration :

Les appareils de mesurage de l'intensité vibratoire sont des appareils portables qui permettre la mesure, le contrôle la comparaison et la réception pour :

- Moteur électrique et générateur.
- Turbine et compresseur.
- Pompes.
- Machines outils etc…………

Cet appareil est équipé de trois éléments principaux :

- ✓ Collecteur.
- ✓ Calculateur.
- ✓ Capteur.

1.1 Collecteur :

C'est un appareil numérique pour collecter toutes les informations de mesure de valeurs vibratoires programmées par des routes et les stokes :

⬇ Vibromètre 20 :
Qui permet la mesure des vibrations entre 10 et 1000 Hz

⬇ Vibroport 30 :
Qui permet la mesure, le jugement et l'analyse des vibrations sur des machines avec une bande qui varie entre 1 et 10000 Hz.

⬇ Vibrostore 41 :
Le Vibrostore 41 est un appareil de mesure portable, bi - voies, fonctionnant avec batterie, pour le diagnostique et la maintenance Conditionnelle des machines. Une utilisation simplifier et fiable est obtenu grâce aux points suivants :

- ✓ Technique moderne à microprocesseur.
- ✓ Programme de processeur accessible par menus.
- ✓ Configuration accessible par menue « absence de commutateur ».
- ✓ Possibilité graphique sue un écran à cristaux liquide. …(4)

Fig. III.2 : *Vibrostore 41*

➕ **Vibrostore 41 :** C'est un collecteur qui doit être relié avec un programme « **CM 400** »pour l'analyse des données.

➕ **Vibrotest 60 :**
Il est constitue des composantes suivantes :
- ✓ **Ecran :** afficheur l'analyse des vibrations.
- ✓ **Clavier :** pour la modification.
- ✓ **Module carte pc :** c'est une carte pour le stockage

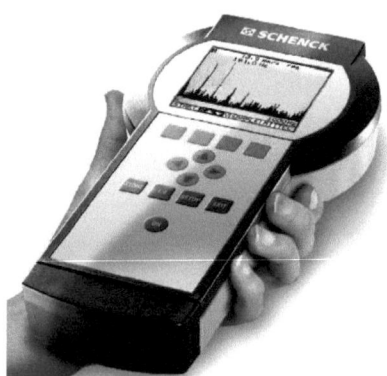

FigIII.3 : *Vibrostest 60*

1.2 Calculateur :

C'est un programme pour le traitement de signal ou les donnes sont stockées dans le collecteur .Il existe deux types de programme :
➕ CM 400 pour le vbrostore41.

🞋 CM 460 pour le Vibrotest 60

1.3 Capteur :
Le capteur qui fournie une tension électrique proportionnelle au mouvement vibratoire.
On distingue trois types de capteur :

🞋 *Capteur de déplacement*
🞋 *Capteur de vitesse*
🞋 *Capteur d'accélération* **.... (5)**

III.2. L'utilisation :

2.1. Chargement des routes :
✓ Connecter le Vibrostore 60 au calculateur.
✓ Le calculateur transfert dans le collecteur, les données concernant les routes avec les points de mesure.
✓ Toute ancien routes encore stockée dans Vibrostore 41 sera efface.

➤ **Collecter les données :**
✓ Connecter le capteur.
✓ Collecter les mesure et les variable significative du procéder fabrication suivant la route prévue.
✓ S'assure avant chaque mesure que le capteur canneté correspond au type de mesure effectué.
✓ Il faut terminer la mesure du point par la validation des commentaires.

➤ **Déchargement des routes** :
Connecter le vibrostore 60 au calculateur.
Les données collectées « mesure, spectre.. » sont transmises au calculateur est restant stoker dans le vibrostore 60 jusqu'au chargement d'une nouvelle route **…(6)**

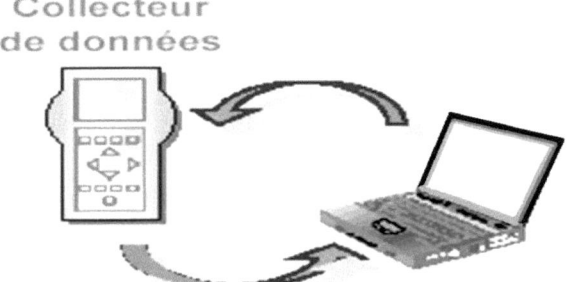

Fig. III.4 : *Chargement et déchargement des données*

III.3. Les points de mesure :

La plupart des vibrations des machines tournantes sont d'origines mécaniques, électromagnétiques, hydrauliques... etc. Elles sont transmises à la structure par l'intermédiaire des fixations des paliers. Les meilleurs points de mesurage dans le cadre de la maintenance des machines sont les paliers, cette mesure dépendra de deux types de mesure :

> ➤ **Mesure globale** :

Selon la norme AFNOR E 90-300 l'intensité vibratoire ou la mesure globale caractérise d'une certaine façon l'état vibratoire d'une machine.

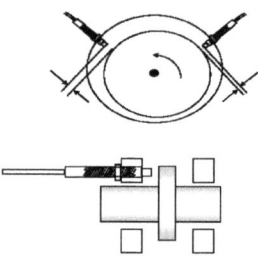

Fig. III.5 : *Mesure globale*

> ➤ **Mesure de BCU** :

C'est une mesure pour effectuer une valeur à l'état de fonctionnement du roulement. On doit traiter de deux façons le signal émis par la machine :

- ➤ filtrer les fréquences basses et moyennes.
- ➤ amplifier les hautes fréquences.
- ➤ ce traitement nous tien compte également d'une : valeur critique du signal.
- ➤ Fréquence avec la quelle les choque apparaissent.

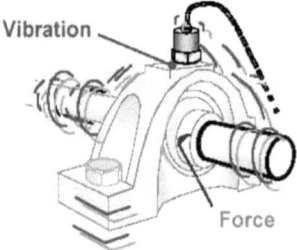

Fig. III.6 : *Mesure de BCU*

III.4. Seuil de jugement de l'intensité vibratoire :

4.1. Objectif :

Pour un suivi correct, les équipements industriels doivent être jugés à l'aide de paramètres présentant deux qualités essentielles :

- Simplicité de la prise de mesure
- Signification importante de leur contenu

L'ambition de ces paramètres est uniquement de constater que l'équipement est ou non en bon état de marche, et non de fournir un diagnostic complet.

Ces paramètres peuvent être dits de performance (consommation, débit, qualité et/ou quantité du produit fini, etc.) ou de comportement (état vibratoire, chocs des roulements, bruit, température, etc.).

4.2. Intensité vibratoire :

Selon la norme AFNOR E 90-300: « L'intensité vibratoire est une grandeur caractérisant, de façon simple et globale, l'état vibratoire d'une machine. »

Dans le jargon de la vibration, l'intensité vibratoire a pour synonymes : sévérité vibratoire, mesure globale, tranquillité de marche. Tout cela montre que cette mesure permet de porter un jugement simple mais grossier sur l'état d'une machine, sans préjuger de l'origine des éventuels défauts. La mesure la plus facile de l'intensité vibratoire d'une machine consiste à poser la main sur un palier pour en apprécier le comportement. Cette norme distingue six groupes de machines. Les critères de distinction sont la puissance, les fondations et la présence d'effets de masse alternatifs non compensables (par exemple pour les machines à piston). Ces groupes sont définis comme suit :

- ✓ **GROUPE I**

  Eléments de moteurs ou de machines qui, dans leurs conditions normales de fonctionnement, sont intimement solidaires de l'ensemble d'une machine (par exemple moteurs électriques produits en série, puissance jusqu'à 15 kW).

- ✓ **GROUPE II**

  Machines de taille moyenne (en particulier moteurs électriques de puissance comprise entre 15 et 75 kW) sans fondations spéciales. Moteurs montés de façon rigide ou machines (puissance jusqu'à 300 kW) sur fondations spéciales.

- ✓ **GROUPE III**

  Moteurs de grandes dimensions et autres grosses machines ayant leurs masses tournantes montées sur des fondations lourdes et relativement rigides dans la direction des vibrations.

- ✓ **GROUPE IV**
  Moteurs de grandes dimensions et autres grosses machines ayant leurs masses tournantes montées sur des fondations relativement souples dans la direction des vibrations (par exemple groupes turbogénérateurs, particulièrement ceux qui sont installés sur des fondations légères).

- ✓ **GROUPE V**
  Machines et dispositifs mécaniques d'entraînement avec effets d'inertie non équilibrés (dus au mouvement alternatif des pièces), montés sur des fondations relativement rigides dans la direction des vibrations.

- ✓ **GROUPE VI**
  Machines et dispositifs mécaniques d'entraînement avec effets d'inertie non équilibrés (dus au mouvement alternatif des pièces), montés sur des fondations relativement souples dans la direction des vibrations. Machines avec masses tournantes accouplées souplement (par exemple arbres de broyeurs). Machines telles que centrifugeuses avec déséquilibres variables, capables de fonctionner isolément, sans l'aide d'éléments de liaison. Cribles, machines à tester la fatigue dynamique et générateurs de vibrations pour les industries de transformation. …..(18)

4.3. Seuils de jugement :

La norme propose pour chacun des quatre premiers groupes des seuils de jugement qui déterminent les domaines suivants (fig. III.7) :

- Bon
- Admissible
- Encore admissible
- Inadmissible

Ces seuils ne sont qu'une proposition basée sur une statistique regroupant de très nombreuses machines de types très différents. Il est de la responsabilité de l'utilisateur d'affiner ces seuils machine par machine, en fonction de leur historique. Ces seuils pourront ainsi être modifiés à la baisse ou à la hausse.

La norme ne propose aucun seuil de jugement pour les machines des groupes V et VI, car ils comprennent les machines alternatives, présentant des comportements très variables en fonction du nombre de cylindres, de l'angle entre ces cylindres et du calage des manetons. Ces groupes comprennent également des machines à balourd variable ou des machines construites spécialement pour vibrer. Les seuils de jugement pour les machines des groupes V et VI ne pourront donc être déterminés que par le constructeur ou l'utilisateur…..(19)

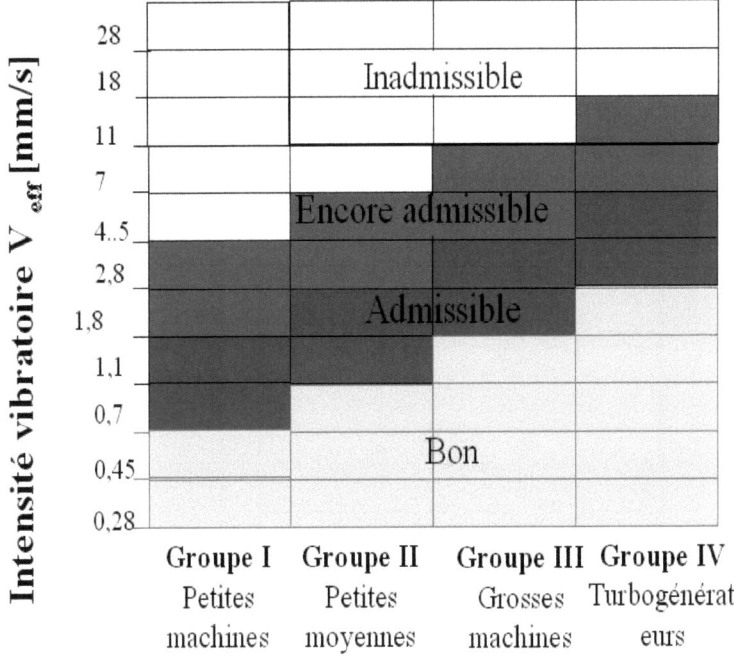

Tableau. III. 1 : *Exemples de limites vibratoires proposées par les normes AFNOR E 90-300 ou ISO 23*

4.4. Nonnes spécifiques :

Outre la norme AFNOR E 90-300, qui est utilisable en général et pour tous les types de machines dont la vitesse de rotation est comprise entre 10 et 200 tr/s, deux normes apportent plus de précision pour deux catégories de machines.

↳ *AFNOR E 90-301*
«Vibrations mécaniques des grandes machines tournantes ayant une fréquence de rotation comprise entre 10 et 200 tours par seconde. Mesurage et évaluation de l'intensité vibratoire in situ.»

Cette norme présente une large concordance avec la norme internationale ISO 3945. Elle suppose l'utilisation d'un appareillage normalisé selon AFNOR E 90-100. Elle concerne les machines dont la puissance est supérieure à 300 kW, installées dans leurs conditions de service. Elle propose des seuils de jugement, en fonction des types de fixation (rigide ou souple), qui déterminent les domaines suivants (fig.8)

- Bon
- Satisfaisant
- Médiocre

- Inadmissible

Intensité vibratoire	Classification des supports	
V_{eff} [mm/s]	Supports rigides	Supports souples
0,45	bon	bon
0,71		
1,12		
1,8		
2,8	satisfaisant	
4,5		satisfaisant
7,1	médiocre	
11,2		médiocre
18,0		
28,0	inadmissible	inadmissible
71,0		

Tableau. III.2: *Seuils de jugement selon AFNOR E 90-301*

AFNOR E 90-310
«*Vibrations mécaniques de certaines machines électriques tournantes, de hauteur d'axe comprise entre 80 et 400 mm. Mesurage et évaluation de l'intensité vibratoire.*»

Cette norme présente une large concordance avec la norme internationale ISO 2373. Elle suppose l'utilisation d'un appareillage normalisé selon AFNOR E 90-100. Elle concerne les machines électriques tournantes alimentées en courant alternatif triphasé ou en courant continu. Il s'agit d'une norme de réception de machines, utilisable dans l'atelier du constructeur ou du réparateur. Elle propose des seuils de jugement en fonction des hauteurs d'axe et des vitesses de rotation, pour les trois classes de qualité suivantes (fig. III.8)

- **N (normale)** : Par exemple, moteurs de ventilateurs
- **R (réduite)** : Par exemple, moteurs de compresseurs centrifuges
- **S (spéciale)** : Par exemple, moteurs de rectifieuses de précision

Classe	Vitesse N [tr/mn]	Intensité vibratoire V_{eff} [mm/s] pour une hauteur d'axe H [mm]		
		80 < H ≤132	132 < H ≤225	225 < H ≤ 315
N (normale)	600 < N ≤ 3600	1,76	2,83	4,45
R (réduite)	600 < N ≤ 1800	0,70	1,13	1,76
	1800 < N ≤ 3600	1,13	1,76	2,83
S (spéciale)	600 < N ≤1800	0,44	0,70	1,13
	1800 < N ≤ 3600	0,70	1,13	1,76

Tableau. III.3: *Seuils de jugement selon AFNOR E 90-310 [mm/s_{eff}]*

⬇ *AFNOR F 65-101*
« Matériel roulant ferroviaire. Machines tournantes auxiliaires. Dispositions technologiques »

Cette norme a pour objet de préciser les dispositions technologiques imposées dans la conception et la construction des machines auxiliaires embarquées sur le matériel ferroviaire. Elle traite entre autres du comportement vibratoire de ces machines.

La grandeur caractéristique est la valeur efficace (ou moyenne quadratique) de la vitesse de vibration, en millimètres par seconde selon les prescriptions de la norme AFNOR E 90-300. Les mesures sont effectuées selon les prescriptions de la norme AFNOR C 51-111, additif 1, annexe V.

Les valeurs efficaces maximales d'intensité vibratoire des machines tournantes auxiliaires sont précisées dans le tableau ci-dessous.

Type de machine	Vitesse N [tr/mn]	Intensité vibratoire V_{eff} [mm/s] pour une hauteur d'axe H [mm]		
		80 < H ≤ 132	132 < H ≤ 225	225 < H ≤ 315
Moteur seul, mesure effectuée avec un montage souple	N ≤ 1800	0,71	1,12	1,80
	1800 < N ≤3600	1,12	1,80	2,80
Moteur avec machine entraînée calée sur bout d'arbre	N ≤1800	1,12	1,80	2,80
	1800 < N ≤ 3600	1,80	2,80	4,50

Tableau. III.4: *Valeurs maximales de la vitesse de vibration selon AFNOR F 65-101 [mm/s]*

Ces mesures sont effectuées sur les moteurs au droit des paliers. Les valeurs maximales sont mesurées à la vitesse nominale de rotation des machines. Dans le cas de machines à vitesse de rotation variable, une mesure est effectuée sur toute la plage des vitesses de rotation utilisables en régime permanent.

- *VDI2063*
« *Messung und Beurteilung mechanischer Schwingungen von Hubkolbenmaschinen* »[1]

Cette norme concerne les machines alternatives (compresseurs, moteurs thermiques, etc.) dont la puissance est supérieure à 100 kW et la vitesse de rotation inférieure à 3 000 tr/mn. Elle préconise de mesurer les vibrations dans la plage de fréquence de 2 à 300 Hz.

Chaque composante du spectre doit respecter les valeurs suivantes :

- Entre 2 et 10 Hz : 1 mm▲
- Entre 10 et 100 Hz :   45 mm/s$_{eff}$
- Entre 100 et 300 Hz :   4 g▲

III.5. Utilisation contractuelle des nonnes :

Le mesurage normalisé de l'intensité vibratoire présente un grand intérêt pour le constructeur :
- mise au point de prototypes
- contrôle qualité en fin de chaîne de montage

Mais aussi pour l'utilisateur :
- Surveillance continue ou périodique des machines en service
- Réception des machines

Ce dernier point est encore souvent omis lorsque l'on rédige un cahier des charges pour l'achat ou pour la réparation d'une machine.
De la même manière que l'on précise les paramètres de performance :
- Vitesse de rotation
- Couple
- Puissance
- Consommation
- Etc.

Il faudrait également indiquer les paramètres de comportement, par exemple :
« Moteur en classe R selon AFNOR E 90-310 »

---

[1] *Mesure et détermination des vibrations mécaniques de machines alternatives.*

> **ATTENTION :**
>
> Comme en toute chose, il faut savoir rester raisonnable, car un moteur en classe **S** vibrera bien entendu beaucoup moins qu'un moteur en classe **N**, mais il coûtera beaucoup plus cher!

III.6. Image des défauts.

L'analyse spectrale est moyen puissant d'aborder la connaissance dynamique des machines. Il est d'une grande importance de connaître la signification du spectre pour faire une interprétation.

Il convent avant tout de mieux connaître la machine et de prévoir par la théorie des fréquences de vibration.

Les vibrations des machines tournantes sont principalement causer par :

1. **Balourd** : la vibration la plus fréquent dans une machine tournante est celle d'un déséquilibrage d'un arbre produisant à la vitesse de rotation appel balourd. Ce défaut est causé par une mauvaise répartition de mass ou une non homogénéité du matériau le centre de graviter de la pièce ne se trouve pas sur l'axe de rotation de la pièce en mouvement .un arbre qui tourne à une fréquence de rotation f_r présente un balourd à la même fréquence de rotation f_r mais avec une amplitude plus élever.

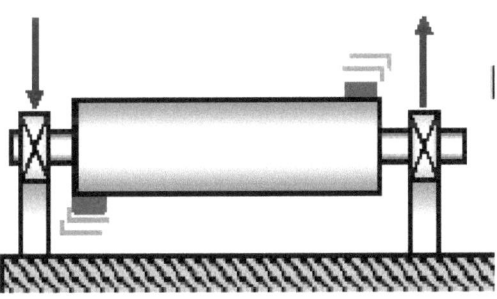

Fig. III.7 : *Balourd*

2. **Désalignement** : Il se produit à des fréquences multiples de la fréquence de rotation f_r, pour mieux surveille le désalignement il faudra placer un capteur suivant la direction axial.

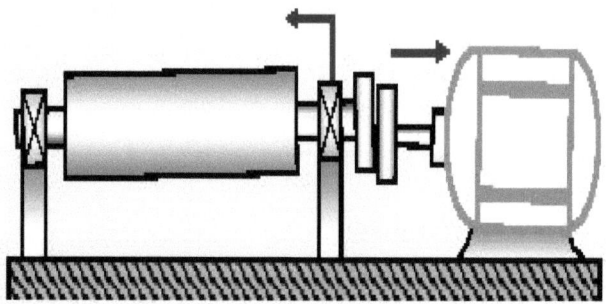

Fig. III.8 : *Désalignement*

3. Excentricité : se traduit par une fluctuation de la chaîne des dents c'est-à-dire une fluctuation de l'amplitude de vibration sur le spectre des fréquences, il y' a apparition d'une fréquence d'engrènement et de deux composants latéraux.

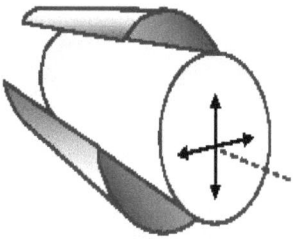

Fig. III.9 : *Excentricité*

4. Palier « lisse ou rigide » : est un organe de la machine qui permet la liaison entre deux pièces l'une fixe est l'autre en mouvement. Il existe deux types de palier.

> **Palier lisse à coussinets :**

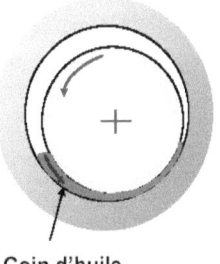

Fig. III.10 : *Palier lisse*

5. Palier rigide « à roulement » :

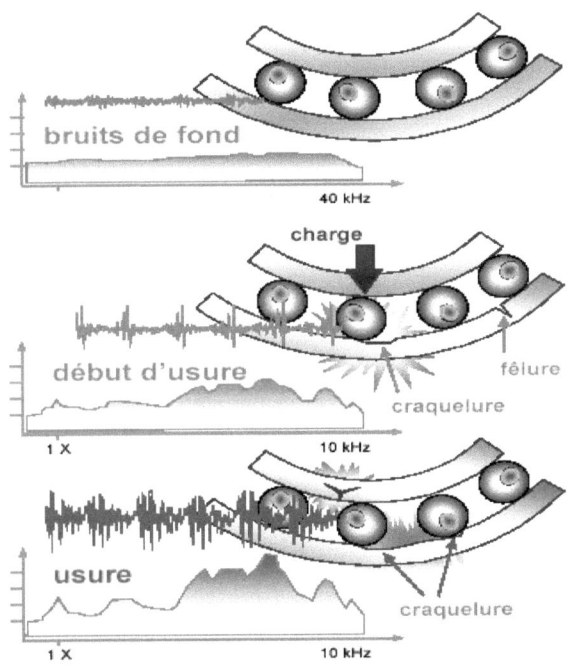

Fig.III.11 : *Palier rigide à roulement à billes*

F $_{dca}$: fréquence de défaut de la cage.

$$F_{dca} = \frac{1}{2} F \left(\frac{1-d}{D_1 + d} \right)$$

F $_{dbe}$: fréquence de défaut de la bague extérieur.

$$F_{dbe} = N \cdot F_{dca}$$

F $_{dbi}$: fréquence de défaut de la bague intérieur.

$$F_{dbi} = N \cdot (F - F_{dca})$$

F$_{der}$: fréquence de défaut sur un élément roulent.

$$F_{der} = \frac{1}{2} F \cdot \frac{(D_1 - d)}{d} \left(1 - \frac{D^2}{(D_1 + d^2)} \right)$$

d_1 : rayon de la piste de roulement intérieur.
d_2 : rayon de la piste de roulement extérieur.
d : diamètre de l'élément roulant.
D_1 : diamètre de la piste de roulement extérieur
N: nombre de l'élément roulant.
F : fréquence de rotation de la piste de roulement intérieur.

6. Machine à fluide

Fig.III.12: *Machine à fluide*

Fréquence de défaut =40% de la fréquence de rotation . Le meilleur moyen pour la surveillance des paliers lisses est l'utilisation des capteurs de déplacement de l'axe de rotation. La solution réside dans le changement de palier ou de lubrifiant. Il existe des formes particulières de coupe de palier pour contrecarrer l'instabilité du film d'huile

7. Courroie :

La fréquence à la quelle tourne les courroies s'appellent fréquence de passage des courroies et ils sont donne par la relation suivant :

F_{pdc} : fréquence de passage de courroie

$$F_{pdc} = \frac{\pi \cdot d_{poulie}}{60 \cdot L_{courroie}}$$

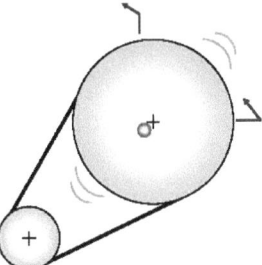

Fig. III.13: *Transmission par Courroie*

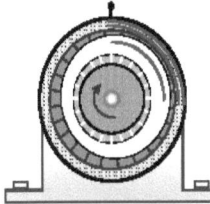

- **Excentricité stator**
- **Jeu, usure du support stator**
- **Court-circuit des lamelles statoriques**
  - 2ème Harmonique de la fréquence secteur.

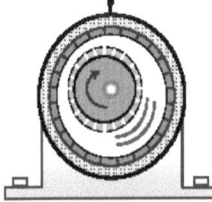

- **Excentricité rotor (statique)**
  - 2 X fréquence de ligne.
  - Bandes latérales de la fréquence de passage de pôles autour de 2 x fréquence de ligne.

Fig. III.14 : *Cas des excitations électriques*

III.7. Anomalies causant les vibrations

SKF a propose un tableau qui nous aide à connaître les défauts …..(7)

Type d'anomalie	Vibration		Remarques
	Fréquence	Direction	
Tourbillon d'huile	De 0,42 à 0,48 x f_{rot}	Radiale	Uniquement sur paliers lisses hydrodynamique à grande vitesse
Balourd	1x f_{rot}	Radiale	Amplitude proportionnelle à la vitesse de rotation. Déphasage de 90° sur 2 mesures orthogonales
Défaut de fixation	1, 2, 3, 4 x f_{rot}	Radiale	Aucun déphasage sur 2 mesures orthogonales
Défaut d'alignement	2 x f_{rot}	Axiale et radiale	Vibration axiale est en général plus important si le défaut d'alignement comporte un écart angulaire
Excitation électrique	1, 2, 3, 4x 50Hz	Axiale et radiale	Vibration disparaît dés coupure de l'alimentation
Vitesse critique de rotation	Fréquence critique de rotor	Radiale	Vibration apparaît en régime transitoire et s'atténue en suite
Courroie en mauvais état	1, 2, 3, 4 x f_{pc}	Radiale	
Engrenage endommagé	Fréquence d'engrènement $f_{eng} = z \times f_{rot}$	Axiale et radiale	Bandes latérales autour de la fréquence d'engrènement.
Faux-rond d'un pignon	$f_{eng} \pm f_{rot\ pignon}$	Axiale et radiale	Bandes latérales autour de la fréquence d'engrènement dues au faux-rond
Excitation hydrodynamique	Fréquence de passage des aubes	Axiale et radiale	

| Détérioration de roulement | Hautes fréquences | Axiale et radiale | Ondes de choc dues aux écaillages. Aide possible par |

Tabeau III.5 : *Défauts causant les vibrations*

fréquence des défauts

f_{rot} = fréquence de rotation

f_{egr} = fréquence d'engrènement ; cette fréquence est aussi notée f_{eng}

f_{pc} = fréquence de passage de la croie

z = nombre de dents de l'engrenage

REMARQUE :

Pour la détermination des différents défauts mécaniques ou électriques qui sont détectés par l'analyse le personnel de la section vibration fait recourt a un tableau (SKF) qui regroupe tous les défauts existants. Alors, nous avons eu l'idée d'élaborer un programme informatique, dans le but de déterminer automatiquement des défauts après l'introduction des valeurs vibratoires.

III.8. Programme de jugement :

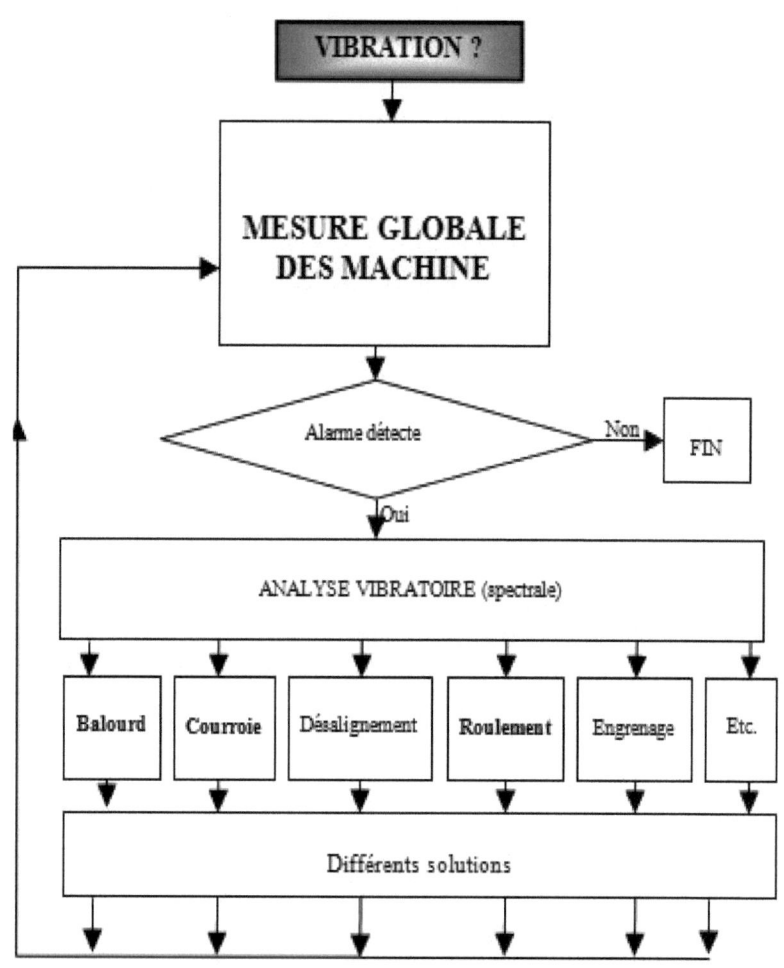

IV. Théorie des pompes centrifuge

Dans toutes les branches de l'industrie pétrolière et gazière on utilise des pompes. Les pompes ou les machines hydrauliques réceptrices sont des machines transformatrices d'énergie mécanique fournie par une machine motrice en énergie cinétique et de pression.

Vu leurs spécifications, les pompes occupent une place primordiale dans l'enceinte des installations gazières et pétrolières, leur bon fonctionnement assure une bonne fiabilité et une bonne qualité du service répondant aux spécifications voulues. ….(12)

IV.1.Rôle d'une Pompe :

C'est une machine qui fournit de l'énergie à un liquide pour le déplacer d'un niveau à un autre. On peut l'utiliser pour :
- Véhiculer un liquide d'un réservoir situé à un certain niveau un autre situé a un niveau plus haut.
- Augmenter la quantité (le débit) de liquide qui traverse une conduite.

D'une manière générale, et du point de vue physique, la pompe transforme l'énergie mécanique en énergie hydraulique.

IV.2. Différents Types de Pompes:

Vu leur vaste domaine d'utilisation, on trouve deux types de pompes, à savoir :
- Les pompes volumétriques.
- Les turbopompes.

2.1. Les Pompes volumétriques :

Ce sont des pompes à l'intérieur desquelles une transformation d'énergie mécanique en énergie de pression est assurée par un refoulement périodique du liquide de la chambre d'aspiration à celle du refoulement a l'aide d'un piston, vis, engrenage et palettes. D'où respectivement la dénomination des pompes a pistons, pompes a vis, pompes a engrenage et pompes a palettes.

- *Principes de fonctionnement d'une Pompe volumétrique :*

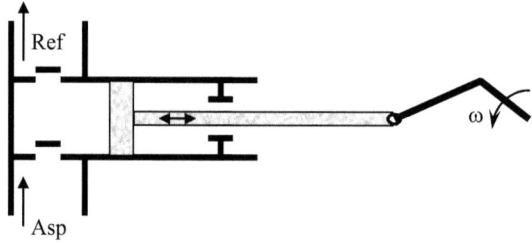

Fig. IV.1: *Principe de fonctionnement d'une pompe à piston.*

La figure ci-dessus représente le principe de fonctionnement d'une pompe à piston. Toutes les pompes volumétriques ont presque le même fonctionnement. Lors de la course aller du piston ce dernier crée une dépression dans la chambre, le clapet d'aspiration s'ouvre, la chambre, se remplie du liquide, en cours retour le piston comprime le liquide a une certaine pression et le clapet de refoulement s'ouvre pour libérer le liquide. Ainsi le principe se refait à chaque tour du moteur, ce qui caractérise la non – régularité du débit. .... (13)

2.2. Les Turbopompes :

Ce sont des machines dans lesquelles une ou plusieurs roues munies d'aubes ou d'ailettes qui tournent autour d'un axe supporté à l'aide des paliers. La rotation de la roue permet aux aubes de transformer l'énergie mécanique reçue en énergie cinétique et de pression communiquée au liquide à l'aide de la force centrifuge. Ces pompes ont un débit stable, c'est pour cela qu'elles sont beaucoup plus utilisées dans l'industrie.

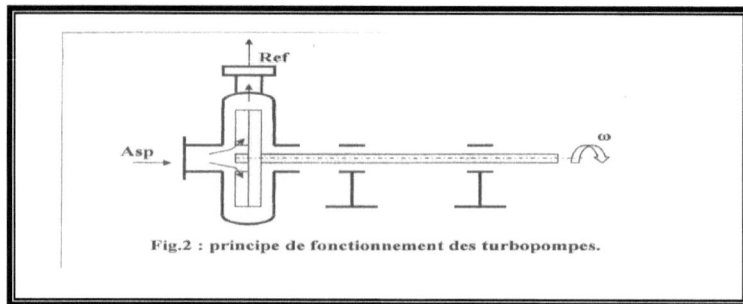

Fig.IV.2: *Fonctionnement des turbopompes.*

IV. 3. Schéma de classification des pompes :

Elles sont classées selon la nature du débit (continu, discontinu) et la forme de l'organe mobile ainsi que le type mouvement. On distingue trois types de turbopompes, suivant le type du rotor et son mode d'action.

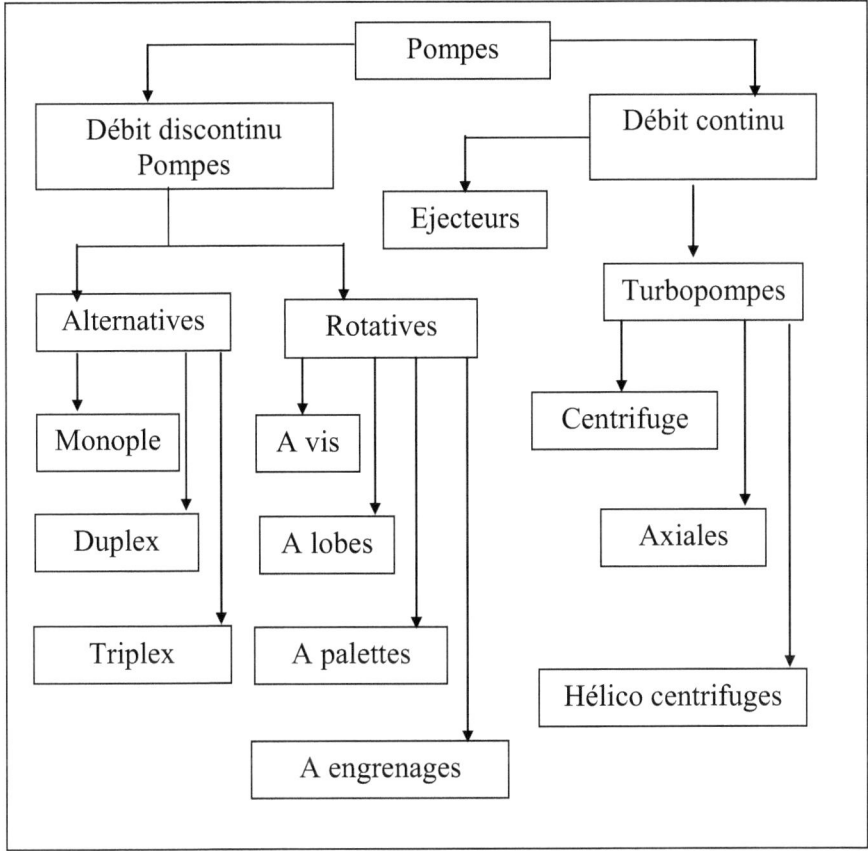

3.1. Pompe centrifuge :

C'est la Pompe qui utilise le mouvement de rotation d'une roue palettes (roue) insérée dans le corps même de la pompe. La roue, en tournant à vitesse élevée, projette le liquide aspirée précédemment à l'extérieur grâce à la force centrifuge développée, tout en faisant circuler le liquide dans le corps fixe puis dans le tuyau de refoulement.

L'écoulement du liquide dans l'impulseur est suivant la verticale

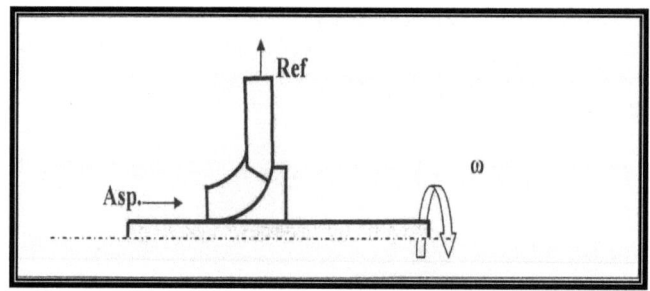

Fig. IV.3: *Ecoulement du liquide dans l'impulser de pompe centrifuge*

Les pompes centrifuges sont des machines dans lesquelles une ou plusieurs roues munies d'aubes ou d'ailettes tournant autour d'un axe supporté à l'aide des paliers, où l'aube transforme l'énergie mécanique reçue en énergie cinétique (pression) avec un débit stable..(8)

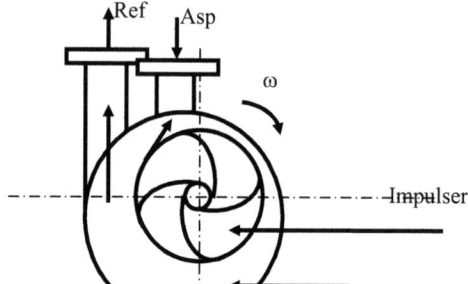

Fig. IV .4: *pompe centrifuge*

3.2. Pompe hélico-centrifuge :

L'écoulement du liquide est suivant la diagonale

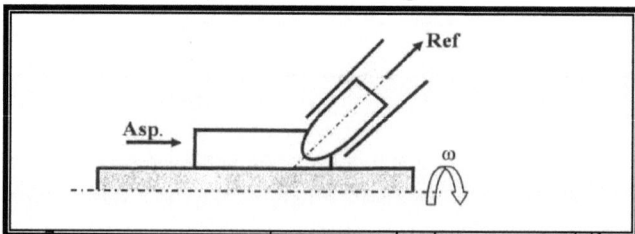

3.3. Pompe axiale:

L'écoulement du liquide est suivant l'axe de la pompe

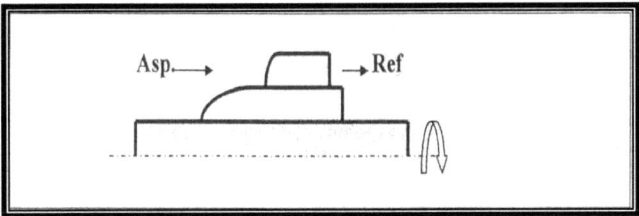

Fig. IV.6:*Ecoulement du liquide dans une pompe axiale.*

IV.4. Pompe Centrifuge :

4.1. composants d'une pompe centrifuge :

Une pompe centrifuge est constituée essentiellement d'une roue mobile tournant dans un stator couvert d'une enveloppe étanche .elle se compose de trois principaux organes qui sont :

- Distributeur.
- Rotor.
- Le récupérateur.

↳ **Distributeur :** Est un organe fixe ayant pour rôle la conduite du liquide depuis la section d'entre de la pompe jusqu'à l'entrée du rotor. Il se réduit à une seule tuyauterie pour les pompes monocellulaires

↳ **Rotor :** Est l'organe principal de la pompe ,il comporte des aubes ou des ailettes qui grâce à leur interaction avec le liquide véhiculé transforment l'énergie mécanique en énergie de pression dans le récupérateur.

↳ **Récupérateur :** C'est un organe fixe qui collecte le liquide à la sortie du rotor et le canalise vers la sortie de la pompe avec la vitesse désirée durant cette opération, et transformation partielle d'énergie cinétique en énergie de pression tient lieu.

Le récupérateur se compose en générale de deux organes :

- Le diffuseur.
- La Volute.

Le diffuseur a pour rôle de transformer l'énergie cinétique en énergie de pression et ainsi limiter la vitesse du liquide pour éviter les pertes de charges exagérées.

- **volute :** C'est le collecteur du liquide venant de diffuseur, elle assure la transformation d'énergie cinétique en pression et canalise du liquide vers la section de sortie de la pompe ….(9)

4.2. Principe de fonctionnement d'une pompe:

Le principe de fonctionnement d'une pompe centrifuge est basé sur la force centrifuge qui s'exerce sur un liquide en mouvement circulaire et a tendance à faire sortir le liquide de son orbite circulaire.

Donc le liquide aspiré pénètre dans l'entrée de l'impulseur, ce dernier à l'aide de sa rotation fait tourner le liquide en lui créant une force centrifuge, les particules du liquide éjectées seront collectées dans la volute collectrice et refoulées dans la conduite de refoulement.

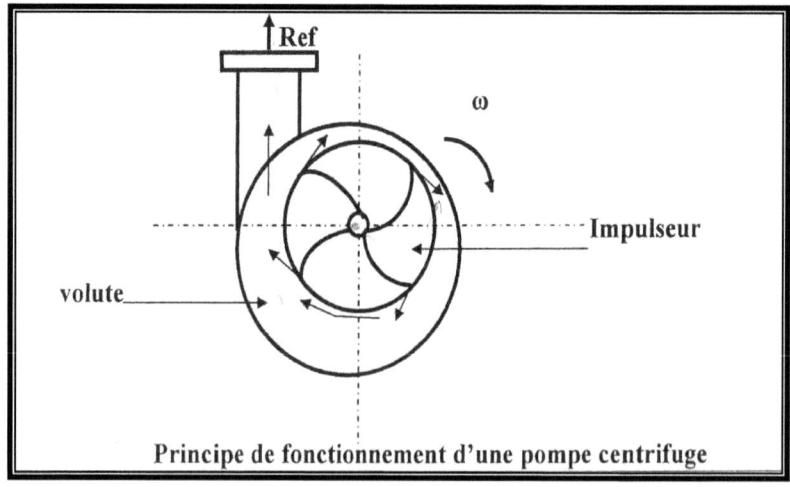

Fig. IV .7: *Principe de fonctionnement d'une pompe centrifuge*

4.3. Destination des pompes centrifuges:

Les pompes centrifuges est comme toutes les turbopompes sont destinées à refouler des débits stables et continus d'un réservoir à un autre ou d'un niveau à un autre, elles sont utilisées dans des circuits qui exigent la stabilité du débit.

IV.5. Avantages Et Inconvénients :

5.1. Avantages :

> ➢ Faible encombrement.
> ➢ Régularité de débit.
> ➢ Simplicité de construction.
> ➢ Aptitude de refouler à des grandes hauteurs.
> ➢ Moins de bruits.

5.2. Inconvénients :

> ➢ A faible débit, on a une grande hauteur de refoulement, le rendement diminue.
> ➢ Apparition du phénomène de cavitation en cas de pression insuffisants a l'aspiration.
> ➢ Diminution de la hauteur de refoulement en cas de fuite.

IV.6. Notions fondamentaux :

6.1. Débit : Quantité de liquide (en volume ou en poids) qui doit être pompée, transvasée ou élevée par une pompe pendant un intervalle de temps donné : exprimée normalement en litres par second (l/s) ou en mètre cubes par heurE (m3/h). Symbole : Q.

6.2. Hauteur d'élévation : Hauteur de soulèvement d'un liquide : le pompage sous-entend l'élévation d'un liquide depuis un niveau plus bas vers un niveau plus haut. Exprimé en mètres de colonne de liquide ou en bars (pression). Dans ce dernier cas, le liquide pompé ne franchit aucun dénivelé mais est exclusivement fourni au niveau du sol à une pression donné. Symbole : H.

6.3. Courbe de prestations : Illustration graphique particulière qui identifie les prestations de la pompe : le diagramme représente en effet la courbe formée par les valeurs de débit et de hauteur d'élévation, indiquées par rapport à un type de roue spécifique et à un modèle de pompe particulier.

6.4. Cavitation : Phénomène crée par une instabilité du flux de courant. La cavitation se manifeste par la formation de cavités dans le liquide pompé et est accompagnée de vibration bruyante, d'une réduction du débit et, de façon moindre, du rendement de la pompe. Elle est provoquée par le passage rapide de petites bulles de vapeur à travers la pompe : leur explosion crée de micro-jets qui peuvent également provoquer des dommages sérieux.

IV.7. Caractéristique des pompes centrifuge :
Une pompe est caractérisée essentiellement par :
- Sa vitesse de rotation
- Sa courbe caractéristique, hauteur d'élévation débit : $H = f(Q)$
- Son rendement, fonction notamment du débit ;
- Sa puissance absorbée à l'arbre en différents points de sa courbe caractéristique ;
- Sa capacité d'aspiration requis exprimée par son NPSH requis (Net positive Suction Head), fonction du débit et du diamètre de la roue.

Note : *le rendement et le NPSHr dépend des modifications apportées au diamètre de la roue (rognage).*

7.1 Caractéristique pression débit :
Cette caractéristique, encoure appelée débitant, représente la variation de la pression différentielle « ou la hauteur théorique d'élévation » en fonction du débit de la pompe.

Remarque : *Les caractéristique pression-débit sont habituellement fournies par les constructeurs, ainsi que d'autres courbes qui donnent le rendement de la pompe ou le NPSH d'aspiration, en fonction de débit.*

- *La hauteur théorique d'élévation.*
- *Le rendement de la pompe, exprimé en pour cent*
- *Le NPSH*

7.1.1. Débit de la pompe :

Le débite réel diffère du théorique à cause des fuites.

$$Q_r = Q_t - Qr \qquad (IV.1)$$

Q_t : débit théorique.

Q_r : débit de fuite.

6.1.2 Hauteur réelle :

Dans le cas réel ou la condition d'une pompe idéale n'est pas vérifiée d'où on aura une notion de la hauteur réelle par la formule suivante :

$$H = K \cdot H_t \, \eta_h \qquad (IV.2)$$

K : coefficient qui tient compte du d'aubes.

η_h : rendement hydraulique de la pompe.

H_t : hauteur théorique. …..(14)

7.1.3. Puissance de la pompe :

c'est une puissance appliquée à l'arbre du rotor est égale à l'énergie reçue en une seconde par le courant de liquide :

$$P = C \cdot \omega = \rho \cdot g \, (H_r + \Delta H)(Q_r + q_r) + \Delta H_{méca} \qquad (IV.3)$$

ΔH : les pertes aérodynamiques (décharge).

q_r : pertes de fuite.

ω : vitesse angulaire.

C : couple de torsion.

7.1.4. Rendement de la pompe :

Le rendement global caractérise l'ensemble des points ayant lors de la transformation d'énergie électrique au moteur d entraînement ….(10)

$$\eta_g = \eta_h \cdot \eta_v \, _{méca} \qquad (IV.4)$$

7.2. Débit – HMT – rendement :

Les constructeurs caractérisent les pompes de leur gamme de fabrication par des courbures, donnant graphiquement, pour différents vitesses nominales de rotation (750-1000 – 1500 – 3000 tr/min) :

- La courbe caractéristique H = f(Q) pour différents diamètres de la roue, celle-ci pouvant être plus ou moines rognée (chaque roue peut être rognées jusqu'à un

diamètre minimum fixé par le constructeur, qui est en général égal à 80 % du diamètre nominal, au-delà l'épaississement du profil des aubages entrainerait une baisse du rendement trop importante)
- Le rendement ;
- Le NPSH requis.

Pour un point de fonctionnement donné, on déduit la puissance absorbée à l'arbre, connaissant le rendement et de la masse volumique du fluide.
En fonction du rognage de roue, les caractéristiques hydrauliques de la pompe sont modifiées.
Ainsi si le diamètre diminue (D0 --- D1) :
- Le débit va diminuer dans le rapport des diamètres à de la puissance 2 : $\dfrac{D0}{D1}$
- La hauteur d'élévation va diminuer dans le rapport des diamètres à la puissance 3 : $\dfrac{D0}{D1}$
- La puissance absorbée à l'arbre va diminuer dans le rapport des diamètres à la puissance 4 : $\dfrac{D0}{D1}$
- Le rendement va diminuer
- Le NPSH requis va augmenter.

Si le groupe électropompe est équipé d'un variateur de vitesse électronique (convertisseur de fréquence), ses caractéristiques variant en fonction :

1. du rapport de vitesse $\dfrac{N0}{N1}$ pour le débit
2. du carré du rapport des vitesses, pour la HMT et le NPSHr
3. du cube du rapport des vitesses $\dfrac{N0}{N1}$, pour la puissance absorbée,
   N0 étant la vitesse nominale. ....(15)

7.3. NPSH requis et NPSH disponible :

La valeur du NPSH requis est une donnée du constructeur, tandis que le NPSH disponible est une donnée par l'installation.

Le NPSH disponible d'une installation dépend :
1. des pertes de charge singulières des équipements (crépine, clapet de pied, convergent, coudes, vanne), ΔP_s, et par frottement, ΔP_f, à l'aspiration ;

2. de la pression atmosphérique, Pa, site d'installation, et donc de son altitude ;
3. de la pression de vapeur, P_v, qui est en fonctionne de température ;
4. de la hauteur d'aspiration, ha

7.4. Caractéristique de vitesse –*loi de similitude*- :

Rappelons que le fonctionnement d'une pompe est défini par trois paramètres : la pression différentielle ΔPp « ou la hauteur théorique d'élévation ΔHp », le débit q_v et la vitesse de rotation de la roue : Ω (en rad/s) ou N' (en tr/s) ou, en pratique N (en tr/min). Dans les paragraphes qui précèdent, la vitesse était supposée constante. Examinons ici l'influence de ce paramètre sur le débit, sur la pression différentielle et sur la puissance communiquée au fluide.

L'étude de la roue d'une pompe centrifuge a montré que la vitesse V_1 communiquée au fluide résulte de la composition d'une vitesse de glissement V_{g1} dans la mesure où les triangles formés par ces trois vecteurs restent semblables quand la vitesse de rotation varie, le module de V_{t1} étant proportionnel à N, il en est de même pour celui de V_1. Par conséquent, le débit –volume, proportionnel à la vitesse du fluide, et aussi à peu près proportionnel à la vitesse de rotation de la pompe....(21)

7.5. Autres caractéristiques :

- Les matériaux de construction (corps – roue – arbre), dont le choix dépend des caractéristique du fluide pompé (fluide corrosif, chauds, . . .) et de la pression de service.
- L'étanchéité au niveau de l'arbre, qui peut être réalisée par :
    1. presse-étoupe à tresses, lubrifié par le fluide auxiliaire
    2. garniture mécanique

Donc la connaissance des paramètres caractérisant une pompe centrifuge est très indispensable pour résoudre les différents problèmes.

V. Etude de cas

Dans toutes les branches de l'industrie pétrolière et gazière ou utilisé des pompes ou des machines hydrauliques pour transformer l'énergie mécanique fournies en énergie cinétique et pression.

V.I. Étude théorique :

V.I.1. Description de la Pompe P004:

La **P004** est une pompe centrifuge monocellulaire type horizontale. Elle est stratégique pour le procédé d'expédition de condensat qui englobe six pompes, Elle est aussi une pompe qui a soulevé beaucoup d'interrogations depuis sa mise en service ; ce qui justifie le grand intérêt qu'on lui porte.

Fig.V.1: *Pompe P-004*

V.I.2. Le rôle de la pompe P004 :

C'est une pompe d'expédition de condensat. Elle aspire du condensat à partir des bacs de stockage à l'aide de la pompe P003 et le refoule vers Arziw.

V.2.3. Schéma de fonctionement :

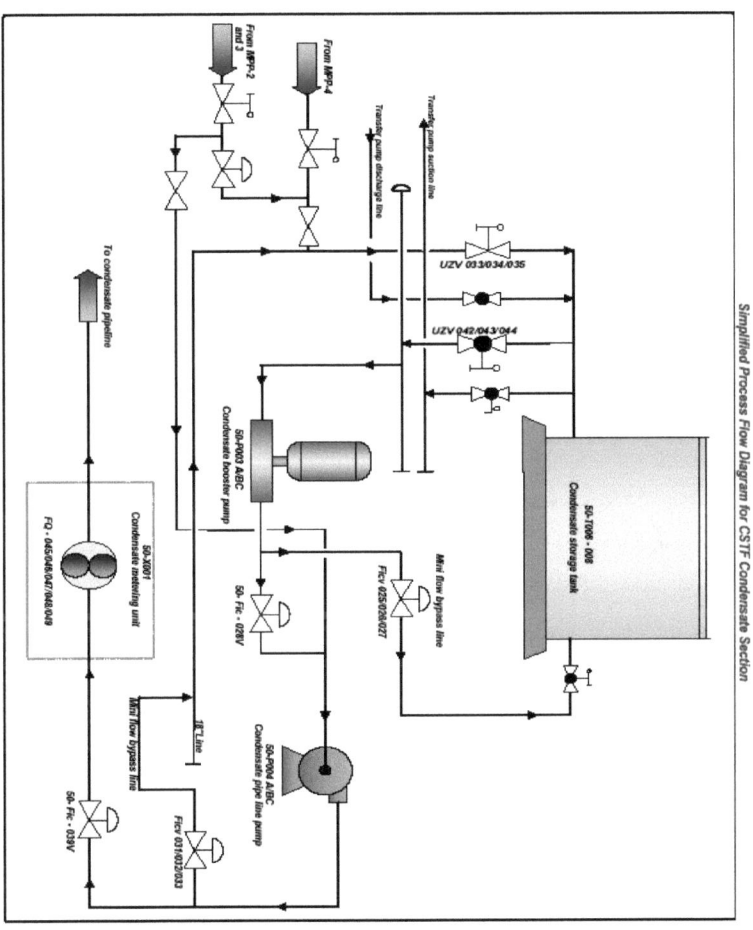

Fig.V.2 : *Schéma de fonctionnement*

V.I.4. La nomenclature de la pompe P-004 :

1	CORPS DE POMPE	14	COUSSINET
2	FOND	25	BAGE DE GRISSAGE
3	IMPULSEUR	26	ECROU
4	ARBRE	27	GARNITURE MECANIQUE
5	CORPS DE PALIER SUPERIEURE	28	BAGUGE A CHICANE D'HUILE
6	DEMI-MANCHON D'ACOUPLEMENT	29	DEFLECTEUR
7	PARTIE INFERIEURE DE CORPS DE PALIER	30	METAL BLANC
8	BOITE DE GARNITURE	31	GOUPILLE
9	BAGUE DE BUTEE	32	BOUCHON DE REMPLISSAGE
10	PARTIE INFERIEURE DE CORPS DE PALIER	33	GOUJON
11	COUVERLE DE PALIER	34	VIS DE BLOCAGE
12	PARTIE SUPERIEURE DE CORPS DE PALIER	35	CLAVAETTE
15	CHEMISE D'ARBRE	36	GARNITURE MECANIQUE
16	BAGUE DE GRAISSAGE	37	ROULEMENT
17	COUSSINET COLLERETTE	38	BOUCHON
18	DOUILLE DE BLOCAGE	39	JOINT
19	COURONE D'USURE	40	VIS DE FIXATION
20	BAGE D'USURE	41	BAGUE DE RETENUE
21	DEFLECTEUR	42	GOUPILLE DE POSITIONEMENT
22	BAGUE A CHICANE D'HUILE	43	RENDELLE FREIN
23	BUTEE DE ROULEMENT		ECROU A ENCOCHES

Tableau V.1 : *Nomenclature de la 50-P004*

V.I.5. Les composants de la pompe :

1. Impulseur ou roue :

La rotation de l'arbre entraîne une génération de pression provoquée par la roue solidaire à l'arbre, et mettant en mouvement le liquide véhiculé.

L'énergie cinétique développée est transformée en pression. La roue appelée encore Impulseur est solidaire à l'arbre par un clavetage et un ajustement approprié.

Le matériau utilisé répond aux sollicitations des efforts et du milieu de fonctionnement, en général on utilise de l'acier spécial ou du bronze.

Fig. V.3: *Impulseur P-004*

2. Volute ou Diffuseur :

C'est un organe transformant une partie de l'énergie cinétique transmise au liquide par la roue en énergie de pression.

La volute ou le corps de la pompe entoure l'impulseur avec ou interposition d'un diffuseur ; cette pièce a une double fonction :

1- Assurer la transformation d'énergie cinétique en énergie potentielle (énergie de pression).
2- Opérer le raccordement avec tubulure de refoulement.

Fig.V.4:*Diffuseur P-004*

3. . Arbre :

C'est l'élément qui assure le mouvement de rotation. Il est souvent fait en acier inox car, comme nous allons le voir, il doit résister aux différentes sollicitations exercées par certaines pièces. (Joint, paliers, … etc.)

Fig.V .5: *Arbre P-004*

4. Roulement :

En exploitation, les poussées générées sont transmises aux paliers des pompes, ces derniers doivent avoir la capacité à supporter ces sollicitations de type axial ; radial ou combiné.

Fig.V.6: *Roulement de la P-004*

5. Accouplement :

Le choix des accouplements est notamment dicté d'une part, par le caractère vibratoire de l'ensemble système machine (équipement, fondation et tubulures de connexion), qui impose des accouplements flexibles et d'autre part par l'importance des efforts qu'exercent les machines entraînées imposant des accouplements élastique.

6. Garniture mécanique :

6.1. Définition :

La garniture mécanique est de nos jour la solution la plus efficace aux problèmes d'étanchéité des arbres rotatifs. Dans l'industrie pétrochimique l'étanchéité est d'une importance capitale pour la sécurité du personnel et des installation.

Les garnitures mécaniques sont alors utilisées pour assurer l'étanchéité entre l'arbre et le corps des pompes centrifuge.

6.2. Composantes principales de la garniture mécanique et leurs rôles :

- **Le grain :** Il est généralement fait en carbone composé de matériaux, il est monté souple grâce à un joint torique (joint de grain) et l'étanchéité demandée par friction et en pression sur la coupelle.

- **le joint de grain :** Fabriqué en caoutchouc synthétique ou en PTEF il est inséré entre le grain et le chapeau de la garniture mécanique assurant aussi l'étanchéité statique.

- **la coupelle :** Elle est montée coulissante sur l'arbre ou la chemise de l'arbre grâce au joint torique simple (joint de coupelle), celui-ci est en friction avec le grain et assure par conséquent l'étanchéité, elle est fabriquée généralement en matériaux dure (acier stellite, carbure de tungstène).

- **Joint de la coupelle :** Le joint de la coupelle est inséré entre l'arbre et la coupelle généralement fait en caoutchouc synthétique ou en PTEF, il assure l'étanchéité entre l'arbre et le corps.

- **le ressort :** Appuyé sur l'épaulement de l'arbre, le ressort maintien une pression constante sur les faces de friction, il assure aussi l'entraînement positif de la coupelle dans son mouvement rotatif. Il peut être enroulé à gauche de l'arbre ou à droite, le sens d'enroulement est determine par le sens de rotation de la pompe, qui doit être positif.

6.3. Les différents types de garniture mécanique :

Dans le module (1) (usine 1) il y a quatre types de garniture mécanique qui sont les plus répondu au monde désignés par leur fournisseur on a

- Sealol.
- Flexibox.
- John crone.
- Nippon pillar.

Les principaux points de fuite :

Les principaux points de fuite de la garniture mécanique :

1) Le joint coupelle.
2) Le joint de chemise.
3) Le joint de chapeau.
4) Le joint de grain.
5) Les faces de friction.

Fig.V .7: *Garniture*

7. Bague en carbone graphité :

Le carbone diminue le frottement, atténue donc la chaleur produite. C'est entre l'arbre et la garniture que peut s'échapper le liquide, il est donc nécessaire de maintenir ces bagues (Carbone ; Tungstène) en contact permanent soit au moyen de la bague à ressort, etc....

La garniture mécanique est refroidie et lubrifiée par le liquide lui même

Fig.V.8: *Joints de la Garniture*

8. Bagues d'usure de l'impulseur :

Leurs rôles est de protéger le contact entre l'impulseur et la volute suite à une usure éventuelle et sont installées par presse et bloquées par des vis sur le diffuseur.

Fig.V.9: *Bague d'usure*

9. Tubulures d'aspiration et de refoulement :

Les tubulures d'aspiration et de refoulement des liquides sont parties intégrantes de la pompe. Elles permettent l'acheminement du liquide de l'aspiration au refoulement. Ces tubulures peuvent se présenter sous diverses formes, de type extérieur-extérieur ou latéral-extérieur.

Fig.V.10: Tubulures d'Aspiration et de Refoulement

V.6. Caractéristique de la pompe P-004 :

6.1. Construction :
Type de pompe : *Horizontal*
Division de corps : *radial*
Nombre de cellules : *simple*
Type de roue : *ferme, double aspiration*
Type de diffuseur : *double*
Type de support du corps : *Axe centrale*
Type de support de l'arbre : *Entre roulements*
Roue diamètre minimale : *406.5 mm*
Epaisseur de corps : *19.1 mm*
Tolérance de corrosion : *3.2 mm*
Graissage : *huile à bague*
Garniture mécanique code API : *BASGL* ….. **(15)**

6.2. Condition de service :
Liquide : *Hydrocarbure*
Temps de pompage : *+ 4*
Pression de vapeur : *750*
Capacité normale : *720 m3/h*
Nominale : *1150 m 3/h*
Hauteur différentiel : *198 m*
Pression de refoulement : *16 Kg/ cm² G*
Pression d'aspiration : *2.44 Kg/ cm² G*
HP de l'eau : *425 W*
NPSH (disponible) : *40 m*
Rendement : *75*   .... (11)

6.3. Moteur : *fourni par JGC*
             HP 630 KW 3000 tr/min
             Tension : *5500 V*
             Cycle : *50*
Pour plus informations *« voir l'annexe 1 »*
   6.4. Service : *pompe de pipeline de condensat*

   6.5. Client : *SONATRACH*
   6.6. Type de lubrification : *« voir l'annexe 2 »*

V.II. Étude pratique :

Le 50-P004 A /B/C c'est une pompe d'expédition de condensat appartient au service SCTF (Central stockage et transfert facilitées).Cette équipement est en position horizontal est composé d'un moteur électrique fourni par JGC et d'une pompe centrifuge de N° Série PH-18579.18580.18581 dont la vitesse de rotation est de 2975 tr/min et de puissance de 685 kW. La pompe comporte un impulseur fermé à double aspirations, le débit nominal de la pompe est 1150 m^3/h.

Cette équipement appartient au groupe III, selon la norme ISO 10816 (ex : ISO 2372) (BS 4675, VDI 2056) fait voir le tableau.

V.II.1 suivie vibratoire :

Pour le contrôle de la pompe P-004 :

> 1. Chargement de la route dans le collecteur « vibrotest60 » avec les point de mesure de chaque palier en 3 position « horizontal, vertical, axiale » et le BCU.

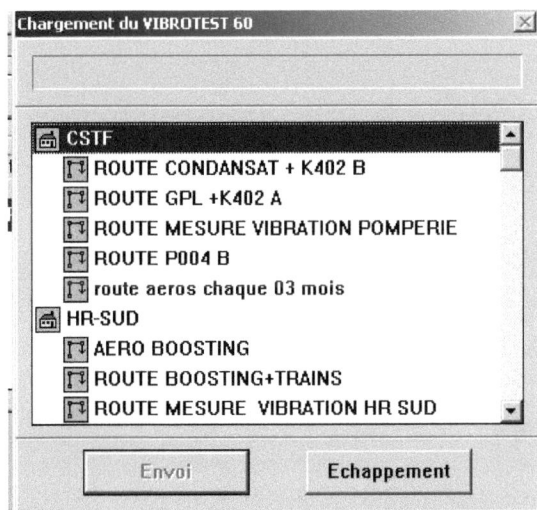

> ➤ On click sur l'usine CSTF qui contienne la pompe 50-P004

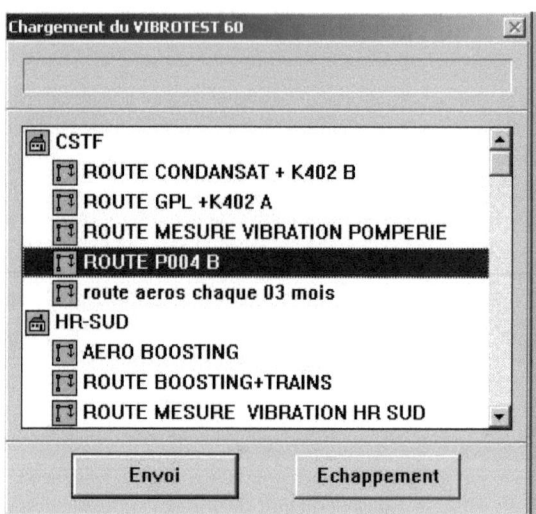

➢ Charger la route P-004 dans le vibrotest 60

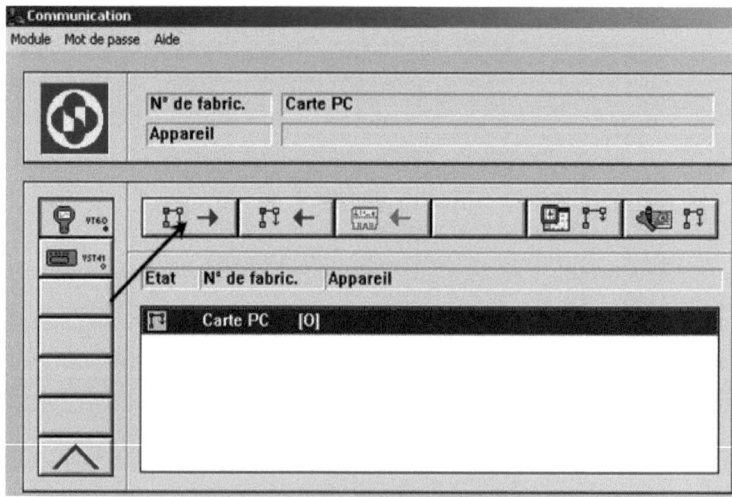

➢ On click sur la bouton de communication

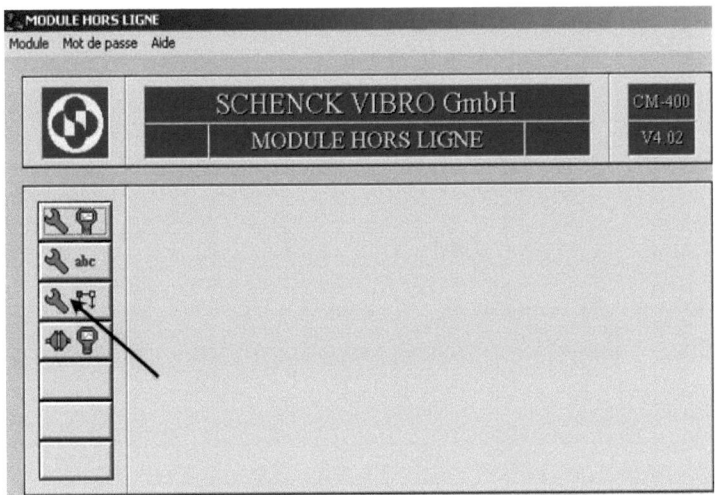

> Maintenant les points se trouve dans le vibrotest

2. On se déplace sur site pour prendre les mesures.

3. Après les mesures des points on doit décharger la route dans le calculateur :

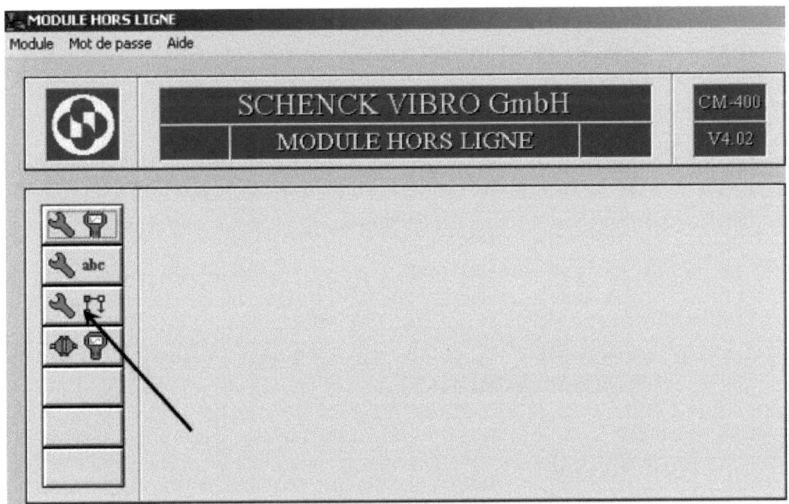

> On click sur le bouton communication pour télécharge les points

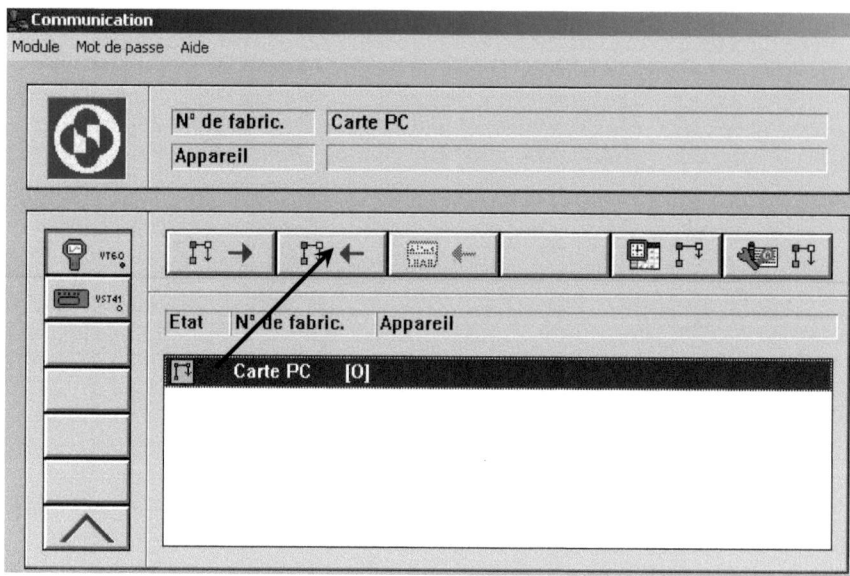

4. Analyse vibratoire (Affichage des spectres)

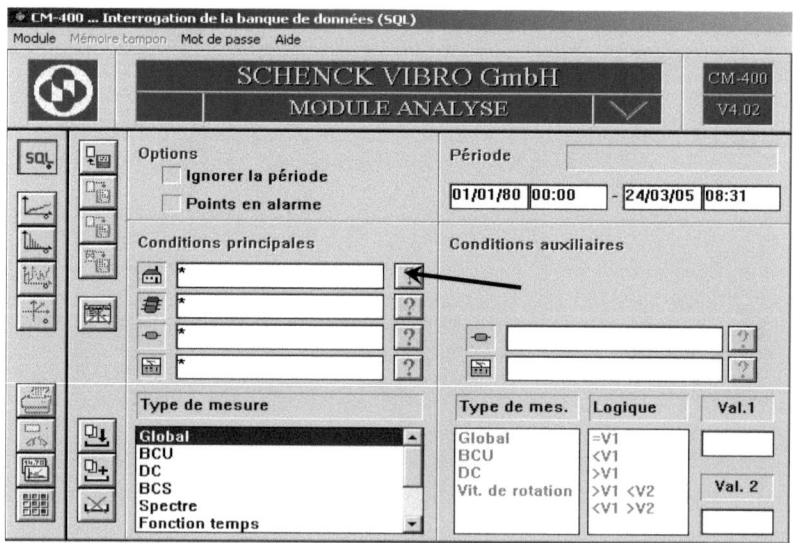

➢ On rempli d'abord les conditions principales, type de mesure…

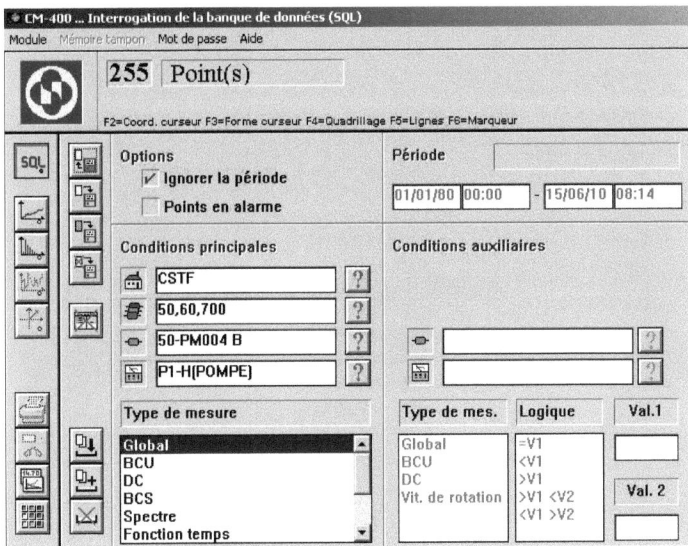

- Les données sont remplies
- Pour l'affichage des spectres :
    - ✓ on click sur ce bouton

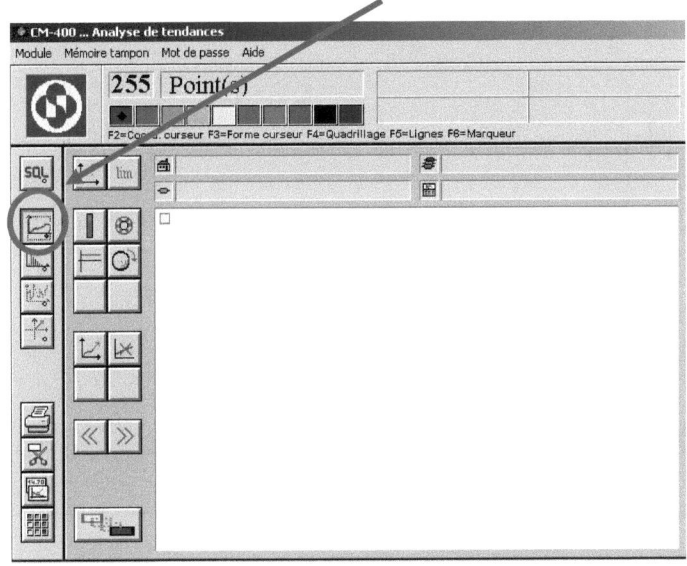

- ✓ On click sur le point P1-H (par exemple)

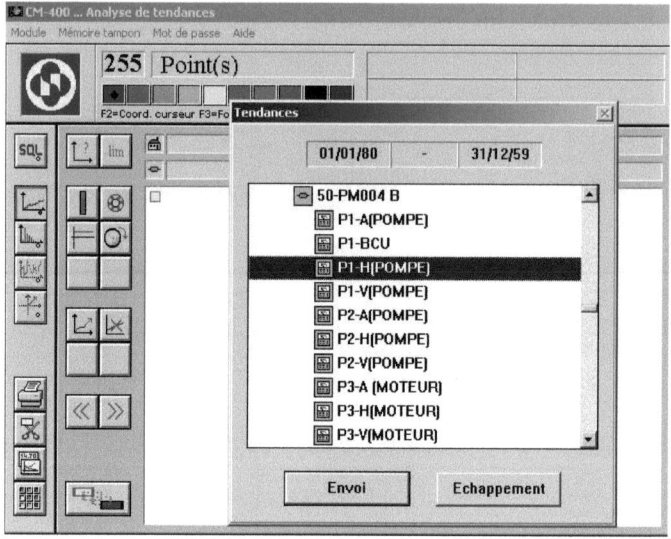

➢ L'affichage des spectres

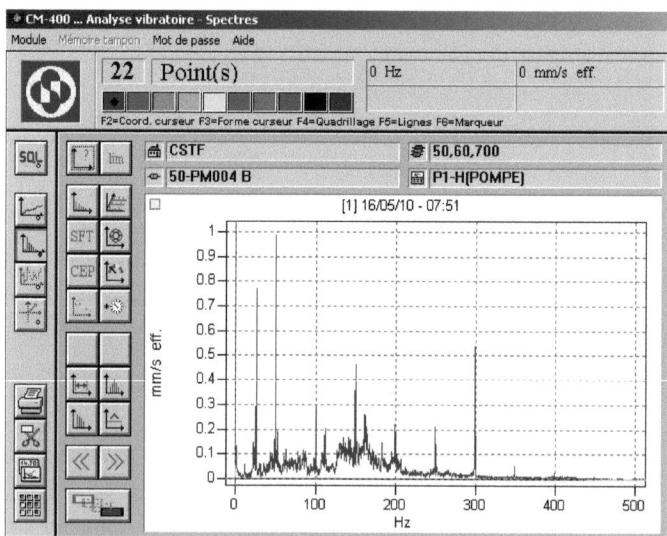

➢ On click sur lim pour afficher les alarmes sur les tendances

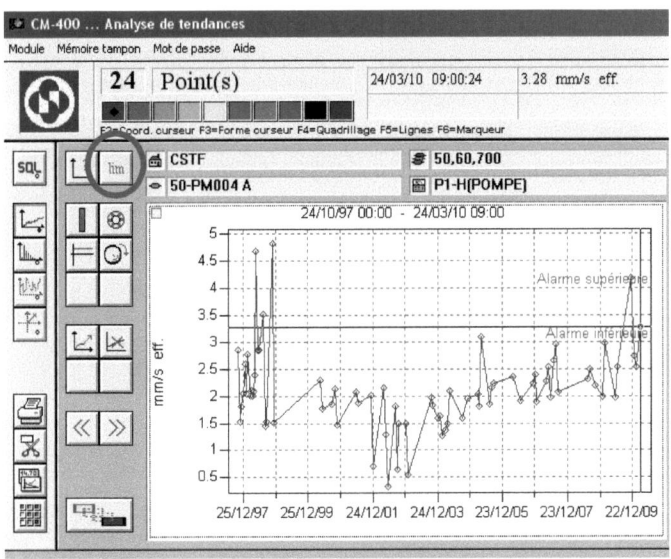

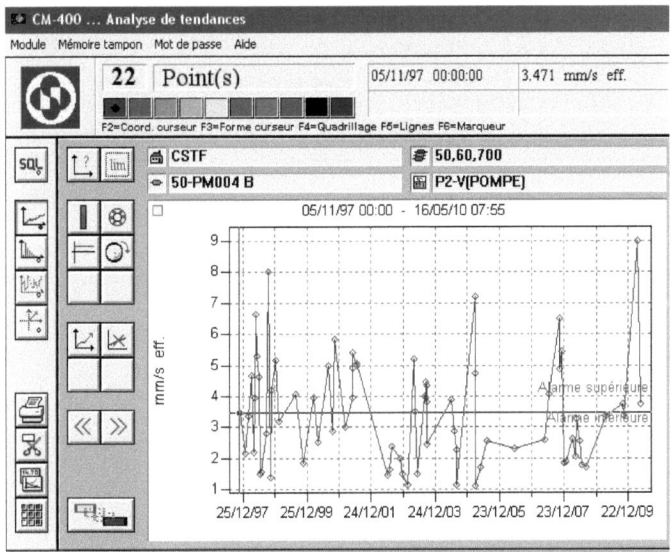

> ➤ On peut lire directement la valeur des vibrations se point P1-H par exemple

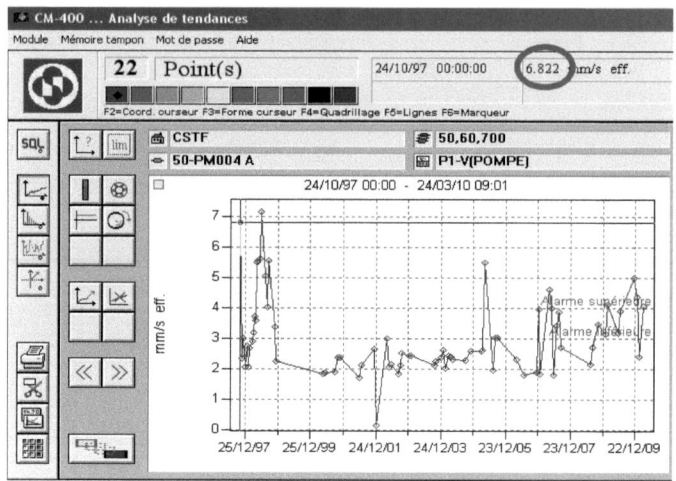

➢ Dans ce cas on remarque que le point est élevé par rapport l'alarme supérieur

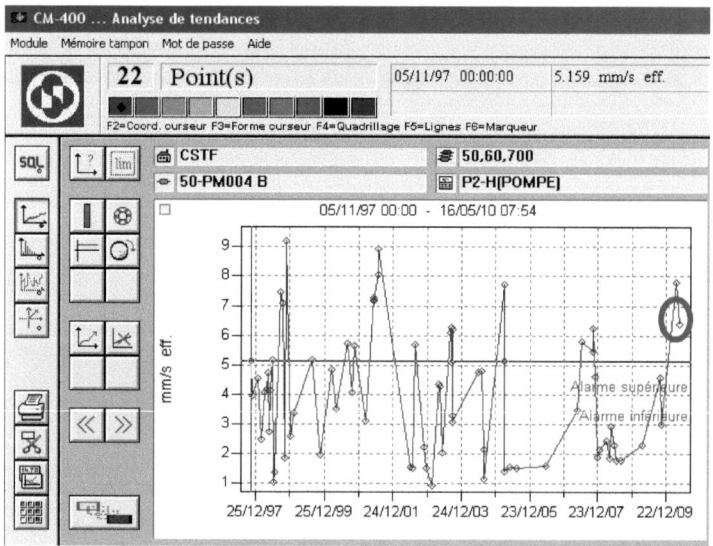

Dans le cas de la pompe 50-P04 :

Remarque : *on remarque qu'il y a une augmentation de l'amplitude au niveau de BCU pour cela on doit faire une analyse spectral.*

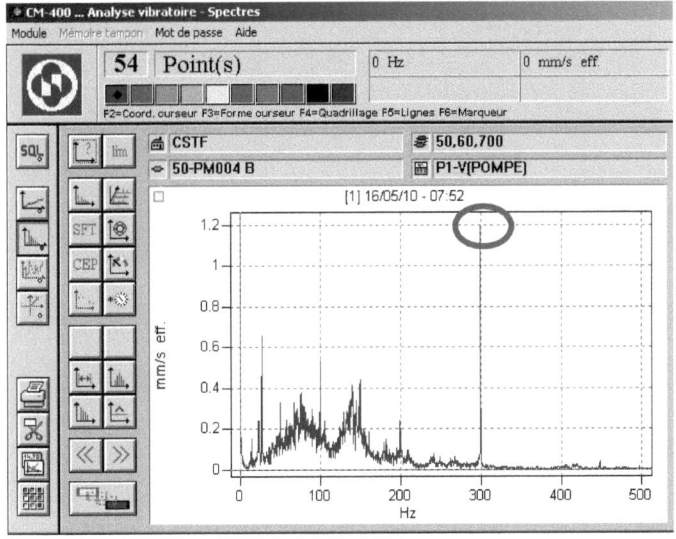

5. Détermination de seuil de jugement :

✓ Pour la puissance de 630 kw et la norme ISO on peut dire que la pompe P-004 est de grouper III avec un seuil inférieur 1,8 et un seuil supérieur 4,5

6. Calcule de la fréquence fondamentale

✓ Pour la vitesse de rotation 2980 tr/min

$$f = \frac{1}{T} \text{ et } \omega = \frac{2\pi n}{60}$$

$$T = \frac{2\pi}{\omega} = \frac{60}{n} = \frac{1}{f} \Rightarrow f_0 = \frac{n}{60} = \frac{2980}{60} = 49{,}66 \text{ Hz}$$

- Détermination de la fréquence de des défauts

✓ Hydraulique $f = 6 \times f_0 \Rightarrow f = 6 \times 49{,}66 \Rightarrow f = 297.96 \text{ Hz}$

Remarque : *après une comparaison de la valeur de fréquence avec les différentes images on constaté qu'est probable que le défaut enregistre c'est un défaut hydraulique.*

7. rapport

Les données de vibration qui indiquée dans ci-joint montrent les tendances de vibration de la pompe lors de la marche. Par suite de ces mesures et a l'aide d'équipe d'analyse de vibration, il a été constaté qu'au fur et à mesure que le débit a baissé, la vibration a augmenté. Toutes les deux pompes A et B testé étaient les mêmes tendances, et la pompe C étaient en révision. …(22)

Points de mesure		Equipement	DEBIT m³/h		
			450	670	900
Vibration mm/s	P1 H	50-P004-A	3,28	3,118	1,5
	P1 V		6,822	2,391	1,07
	P2 H	50-P004-B	5,159	4,125	1,43
	P2 V		3,471	2,731	1,12

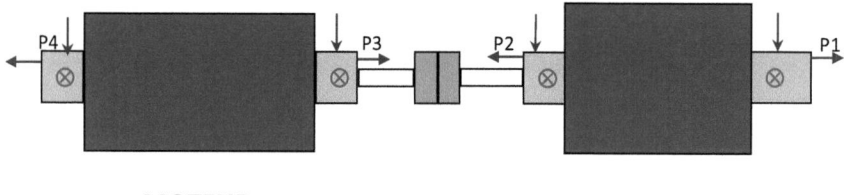

MOTEUR **POMPE**

50-P004

⊗ Mesure horizontal

↓ Mesure vertical

← Mesure axial

P1, P2, P3, P4 : les paliers

6. recherche des solutions :

comparent le rapport précédent aves les rapports de l'équipe vibration&équilibrage on remarque que ; lors de la marches en assai des pompes en débit de 450 m^3/h, la vibration de la pompe A au niveau de point H de palier 1 était 3,28 mm/s et elle de la pompe B au niveau de point H de palier 2 et 5,159 mm/s, alors que lors de la marche en essai des pompes en débit 900 m^3/h, leur vibration a diminue, soit de la pompe A était 1,5 mm/s et celle de B de 1.43 mm/s, la diminution des valeurs de vibration étant dans celle admissible des ISO2372 (BS4675)

C'est produit en raison de l'exploitation des pompes en débit proches de celui nominal (1150 m^3/h), il s'en conclu que la vibration élavée des pompes A, B n'était pas d'anomalie mécanique.

V.II.2. Influence de débit (m^3/h) sur la vibration (mm/s)des machines 50-P004-B
CSTF

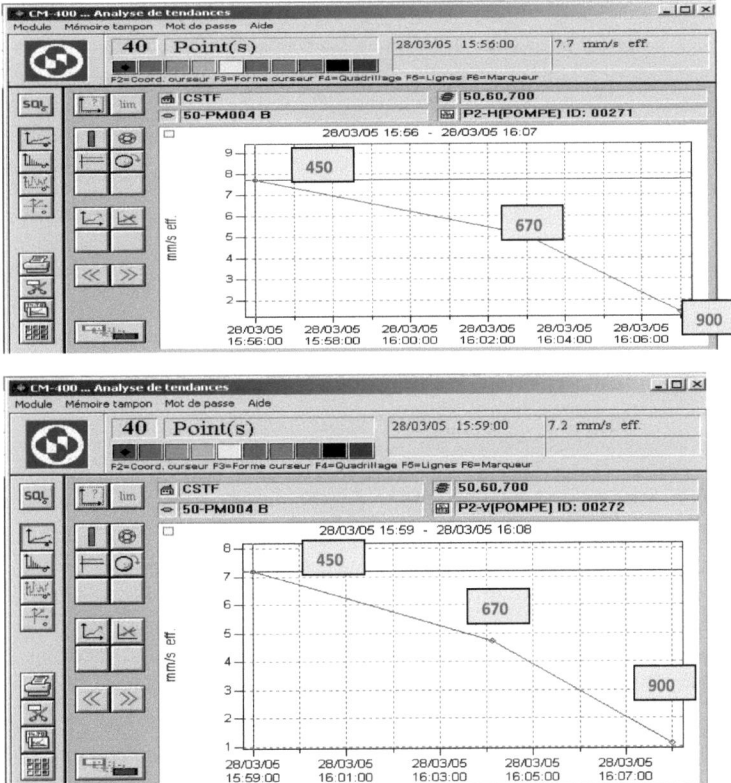

Autrement dit, non seulement sur la diminution de leur valeur de vibration, mais aussi sur la différence de leur diminution de vibration lors du débit de 450 m^3/h, la différence de vibration entre la pompe A et B était 1,879 mm/s, tandis que lors du débit de 900 m^3/h proche de celui nominal, celle de vibration entre la pompe A et B était 0,07 mm/s, à savoir elle a diminué considérablement et lequel nous a parmi de juger qu'il a pas d'anomalie mécanique ,la différence aurait tendance à augmenter.

Paradoxalement, dans le cas où toutes les deux pompes A et B fonctionneraient en débit proche de celui nominal (1150 m^3/h), la vibration élevée ne s'y produira pas.

La condition actuelle d'exploitation des pompes A et B fonctionnement en sur-conception du fait qu'elle est en débit peu élevé.

Contre le débit nominal (1150m^3/h) fixe par le fournisseur de la pompe, la pompe en question est en service parallèlement à la 60-P102 tout en fermant Fic-139V et plus, ouvrant les Fic-031V, Fic-032V, Fic-033V (soupape de régulation de mini-débit), *« __pour plus information voir l'annexe 3__ »*.

Comme influence néfaste due à l'exploitation de la pompe mentionnée ci-dessous, cette façon d'exploitation devint un facteur de la courte durée de vie de la pompe, moteur pièces. Ce phénomène de la courte durée de vie de ce produit actuellement. Il relie aussi les naissances des dommages précoces des corps des Fic V et leur défauts c'est parce que dans le cas d'ouverture de la vanne diminuerait extrêmement à cause de sa fermeture excessive. Il sera hautement possible qu'il se produise des corrosions par piqures par cavitation de fluide (condensat) ainsi que des érosions par la haute vitesse de courant aux alentours de corps et de siège de la vanne.

Il en est arrivé à la conclusion que s'il est impossible de faire marcher la pompe en débit proche de celui nominal, à savoir au cas où son exploitation en débit de 500 m^3/h continuerait parallèlement à la 60-P102, il ne sera pas possible d'éviter la vibration élevée à mois que le débit soit réglé tout en diminuant le débit nominal de la pompe par changement de sa performance.

Comme moyenne de diminution du débit nominal, il y 3 moyens suivants :
- Changement de la vitesse de rotation de la pompe
- Changement du diamètre extérieur de l'impulseur
- Changement de l'angle d'aile de l'impulseur, etc

Le premier moyen n'est pas convenable puisqu'il nécessite de grand travaux, tels que la mise en place d'un dispositif de contrôle de rotation et pour le troisième moyen, il est impossible de l'effecteur sur site. A cet effet, il est préférable de réalisé le deuxième moyen : changement (diminution) du diamètre extérieur de l'impulseur, qui est moins coûteux et qui ne demande pas l'installation de dispositif, sur une pompe seulement. Ces travaux, tel que le découpage de l'impulseur, peuvent effectués à l'atelier mécanique et faire l'équilibrage dynamique. Après le façonnage peut être effectué par l'équipe de l'analyse vibration, et également par changement de performance de la pompe entre le diamètre nominale 439,5mm de l'impulseur et le diamètre minimal 406,5 de l'impulseur, a cet effet la valeur préfèrait est : 410mm qui calculer après l'opération de **rognage** utilisons bien sur les courbes caractéristiques fournit par le constructeur *« __voir l'annexe 4__ »*

Connaissant le type de matériau de l'impulseur qui est : **SCPH2** *« __voir l'annexe 5__ »*

Une fois décodé se type de matériau devient carbone steel *« annexe 6 »*

Dans la figure suivant la ligne rouge montre la courbe de performance prévue .... **(23)**

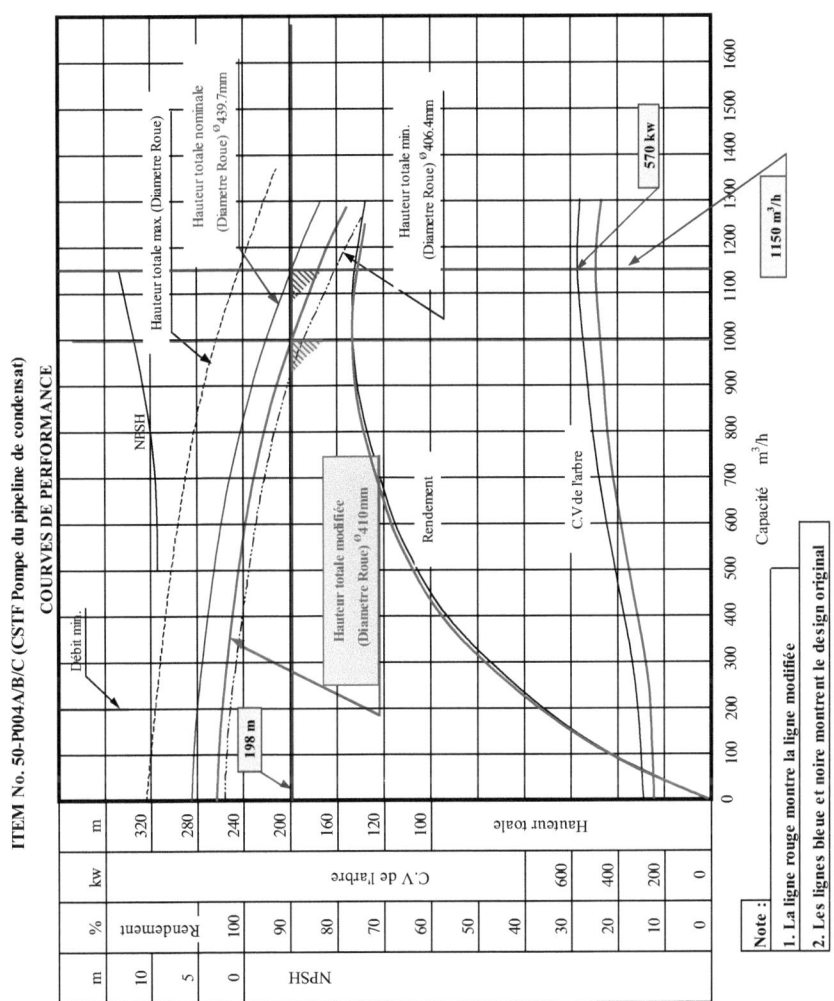

V.II. 3 Vérification de calcul de diamètre :

$$Q1/Q0 = (D1/D0)^2 \qquad (V.1)$$

Q1 = 1150 m3/h
D1 = 439.5 mm
Q0 = 1000 m3/h

D0² = Q0/ Q1 * D1²
D0 = D1* $\sqrt{Q0/Q1}$
D0 = $\sqrt{1000/1150}$ * 439.7
D0 = 410.02 mm
D0 = 410 mm

Fig.V.11 : *Diminution de diamètre de la roue.*

Cette solution peu se réaliser sur site et se pratiquer ; ce qui contribué au réglage de débit qui devient aux normes du constructeur, ce qui éliminera les anomalies vibratoires.

Conclusion

L'objectif donné pour ce travail était de fournir des éléments nécessaires au suivi et au diagnostic des comportements vibratoires des machines tournantes à partir de signaux recueillis sur un système d'acquisition (mesure).
C'est à travers une bonne acquisition et un bon traitement des signaux, issus du comportement vibratoire des machines, qu'on peut avoir des descripteurs (mesure global, BCU, spectre) qui servent comme un outil très puissant pour le diagnostic de l'état mécanique de ces machines et offrant ainsi pour la maintenance les avantages suivants :

- Surveiller le fonctionnement de la machine et prévoir la défaillance.
- Anticiper la maintenance et réduire les coûts des arrêts.
- Réparer les machines seulement lorsqu'elle le nécessite (duré de vie prolongée)
- Optimiser les révisions sur les seules défaillances.

Pour que l'analyse des vibrations soit efficace et rentable pour l'entreprise il faut prendre en considération :

- Une pré-étude (dynamique) pour le bon choix des points de mesure.
- Une bonne formation du personnel travaillant sur ce domaine, par ce que l'analyse vibratoire est un outil beaucoup plus puissant et complexe qu'une simple lecture de température.
- Fournir le matériel nécessaire pour faciliter les analyses surtout pour les pompes verticales.

Mon cas pratique est faite sur une pompe stratégique pour le procédé d'expédition de condensat, qui à soulevé beaucoup d'interrogations depuis sa mise en service et qui présence une anomalie vibratoire détecter à l'aide d'une analyse spectrale dans une basse plage de fréquence et il a été constaté qu'au fur et à mesure que le débit a baissé, la vibration a augmenté.

Il ne sera pas possible d'éviter la vibration élevée à moins que le débit soit réglé tout en diminuant le débit nominal de la pompe par changement de sa performance, il et préférable de diminue le diamètre extérieure de l'impulseur qui est moins coûteux est facile à réaliser sur site « cas de la pompe 50-P-004 », en plus de l'arrêt de la pompe 60-P102. Cette façon d'exploitation devint un facteur nécessaire de l'augmentation de la durée de vie de pompe, moteur, pièces et éviter des dommages précoces des corps.

Bibliographie

1. JACQUES MORAEL, *« vibrations des machines et diagnostic de leur état mécanique »*, Edition : EYROLLES bd, saint-germain paris 5édition 1992
2. ALAIN BOULENGER, CHRISTIAN PACHAUD, *«Analyse vibratoire en maintenance – surveillance et diagnostic des machines-»*, 2éme édition DUNOD, paris 2003
3. PHILIPPE ARQUES, *« Sciences d'ingénieur –Diagnostic prédictif de l'état des machines- »*, Edition MASSON m paris, 1996.
4. Document Technique SONATRACH -Hassi R'mel- : ***VIBROEPERT*** Schenckvibro. Gmbh. D-64273
5. Document Technique SONATRACH -Hassi R'mel- : ***Condition Monitoring***, BRUEL& KJAER, Schenck
6. Comptez sur des experts *« le comportement vibratoire dynamique des lignes des turbo-machine »*, dB VIB Algérie, filiale du groupe el-Aurassi d'Alger
7. Formation industrie (école des techniques pétrolière).SKIKDA, *« Diagnostic par analyse vibratoire pour machine tournants »*, réalisé par : D.Medjadi et F.Tachi, SONATRACH/IAP-CU
8. E. BALTARETU, *« pompe centrifuge –conditions fonctionnelles, construction, chaines des cotes-»*, Edition EYROLLES, paris 1975
9. Technique d'ingénieur ; *« pompe -chapitre : Ajustement de la pompe aux besoins »*, Réf : bm 4146
10. Technique d'ingénieur : *« pompe –chapitre : Méthode de vérification »* Réf : bm 4160
11. Document Technique SONATRACH –Hassi R'mel-, *« Dessin Technique -50-P004A/B/C»*, JGC CORPORATION, 1977
12. Document Technique SONATRACH –Hassi R'mel-, *« Guide de maintenance 50-P004A/B/C»*, JGC 414. API 610-1977
13. Document Technique SONATRACH, branche Hydrocarbure, Division production, *« système d'appréciation des performances »*, guide de l'entretien

14. REGIS JOULIE, « *Mécanique des fluides appliquée –chapitre : les pompes-*», Edition : ELLIPSES marketing S.A., 1998

15. Séminaire Sur : « *les pompes centrifuges* », du 24au 26, juin2002, Formation industrie : Institut Algérien du Pétrole IAP, Ecole d'ingénieur de boumerdas, Animé par : Dr. A.SAYAH

16. SKF. **CD-ROM : Maintenance conditionnelle.**
Formation CPE SONATRACH décembre 2003.

17. BRÛEL et KJAER VIBRO.
  CD-ROM : Stage de maintenance conditionnelle.
Formation CPE SONATRACH décembre 2003

18. Mémoire *: ZAOUI Lamine*, 2004
19. Mémoire : **LAID**, 2005

20. Site internet : www.Sontrach-dz.com
  www.Siencedirect.com
  www.vem-vbrations.com
  www.maintenanciendustrie.1fR1.net
  www.dbvib.com
  www.wikipda.com
  www.gls.Fr

21. Fiche de « PDF » :
- ✓ Théorie des pompes. SAVINO BARBERA S.N.C, -vibration 12- 10032 Brandizzo (TO)- Italie
- ✓ Caractéristiques des pompes centrifuges, Memotec n°33, révision B, 18/19/2007.
- ✓ Pompe sur mesure : Technique compact 10éme édition, décembre 2004, KSB Aktiengesellachaft.

22. Power point 50-P004, Trouble shooting for abnormal vibration, Manufacturer : S.N.M « Shin- Nippon Machinery Works CO.LTD

23. Fiche word : Recommandation- information préparé par : F.SEIKE, JGC TAS-10

Annexe 1

JGC CORPORATION
FEUILLE DE DONNEES
POMPE CENTRIFUGE

N° 9345.50-G1-001-SS521 Modification
PAGE ___ FEUILLE ___
DATE AUG-10-1977

N°						N°				
1.	Client	SONATRACH ALGERIE				Projet	HASSI-R'MEL TRAITEMENT DE GAZ NATUREL			
2.	Unité	CENTRAL STORAGE AND TRANSFER FACILITIES				Service	POMPE DU PIPELINE DE GPL DU CSTF	N° d'appareil	50-P002 ABC	
3.	N'bre des pompes	Principale	2			Entrainée par	MOTEUR	Fabricant	Modèle	
4.		Réserves				Entrainée par	MOTEUR	S.N.M	de fabricant	6RVC-VOH
5.	CONDITIONS DE SERVICE					CONSTRUCTION				
6.	Liquide			HYDROCARBURE		Type de pompe		HORIZONTAL		
7.	Temp. de pompage (TP)		°C	38		Division du corps		RADIAL		
8.	Densité à T.P.			0.504		N'bre des cellules		2		
9.	Pression de vapeur à T.P.	mm Hg	psia	11.129		Type de roue		FERME, SIMPLE ASPIRATION		
10.	Viscosité à T.P.	cst cp		0.1		Type de diffuseur		DOUBLE		
11.	Corrosion/érosion due à					Type de support du corps		AXE CENTRALE		
12.	Capacité: normale	m3/h	gpm	220.6		Type de support de l'arbre		ENTRE ROULEMENTS		
13.	nominale	m3/h		353		Tubulures	Dimension	Série	Face	Emplacement
14.	Hauteur différentielle	m		381		Aspiration	8"	ANSI 300#	RF	HAUT
15.	Pression de refoulement	kg/cm2G	psig	34.3		Refoulement	6"	ANSI 300#	RF	HAUT
16.	Pression d'aspiration	kg/cm2G		15.1		Event	3/4	ANSI 300#	RF	
17.	Pression différentielle	kg/cm2		19.2		Vidange	3/4	ANSI 300#	RF	
18.	HP de l'eau	kW		185		Admission	3/4	ANSI 150#	RF	
19.	Pression max d'aspiration	kg/cm2G				Sortie : de l'eau de refroidissement	3/4	ANSI 150#	RF	
20.	NPSH (disponible)	m		15		Injection	1/2	ANSI 300#	RF	
21.	PERFORMANCE									
22.	NPSH requis	m		8						
23.	Rendement		%	73		Roue dia.	Min 399	Nominal 420	Max 443	mm
24.	BHP à capacité nominale	kW		253 PLUS 4%		Epaisseur de corps		25.4 mm		
25.	Puissance de l'entraineur	kW		300		Tolérance de corrosion		3.2 mm		
26.	Débit min (Service continu)	m3/h		120		Palier transversal/de butée		MANCHON/BILLE 7309 DB		
27.	Hauteur max (nominale) due à la roue	m		480		Graissage		HUILE À BAGUE		
28.	BHP max (nominale) due à la roue	kW		260		Accouplement/protection		FORM-FLEX/OUR (NE PAS ÉTINCELER)		
29.	Pression max. de service	kW/cm2G psig		41.9		Garniture fabricant N° de Dimension				
30.	Pression hydraulique	kW/cm2G psig		63		Garniture mécanique Code A P I		BSASC		
31.	Temp de calcul	°C		80		Fabri-Dimen-Modèle cant sion n°		N. PILLAR 75×69 884-49		
32.	Temp de calcul (vu côté moteur)					Plan API injec-Joint tion / auxi		11+13		
33.	Vitesse de rotation	tr/mn		2970		Socle		(COMMUN-SSA)		
34.	Vitesse spécifique	m3/m-m	pouce			MATIERES (CATEGORIE API)		S-1		
35.	ESSAI EN ATELIER	requis	attesté			Corps	SCPH2	Douille de laminage	FC 25	
36.	Performance	OUR	OUR			Eléments	SCPH2	Arbre	SCM 4	
37.	NPSH	OUR	OUR			Roue	SCPH2	Garniture de corps	PILLAR 2/00	
38.	Hydraulique	OUR	OUR			Chemise d'arbre	SUS 304	Garnitures de chemise	VITON	
39.	Moteur:	Fourni par	J G C			Bagues d'usure corps	FC 25	Boulons GARNITURE D'ETAPE	FC 25	
40.		Monté par	S N M			Bagues d'usure roue	SUS 420	MANCHON DE TAPE	SUS 420 J2H	
41.		HP kW 300 kW	3000 (SYN) tr/mn			Eau de refroidissement		Plan des canalisations eau de refroidissement API		
42.		Phase 3 Tension 5500	V			Type		Porte-palier	15 l/m	
43.		Cycle 50 Type TEFC						Presse-étoupe	- l/m	
44.		Courant à pleine charge	A					Socle	- l/m	
45.	Turbine:	Fournie par						Refroidisseur d'injection	- l/m	
46.		Montée par								
47.		HP	tr/mn					Total	15 l/m	
48.		Consommation de la vapeur	L/h lb/h			Lubrifiant:		Palier 3.0L/HUILE À TURBINE 140/n'bre		
49.		Type:						Accouplement AUCUN n'bre		
50.	Coupe N°	SPS-62599				Poids:		Pompe et socle 3540	Kg/n	
51.	Croquis N°	APD-62599						Entraineur 3300	Kg/n	
52.	Courbe caractéristique n°	160-79(1335)				N° de série (pompe)		PH-18576, 18577, 18578		

Remarques: Sauf indications contraires, la norme API 610-1971 prévaudra.
* GARNITURE MECANIQUE PEATE HP = APPROX 1.5 kW
LE COMMUTATEUR DE VIBRATION DOIT ETRE EQUIPE
◊/ MOTEUR DESSIN NO. 9345.50-P1-501-D041
MOTEUR TYPE HMA 4588

F. 1748

Annexe 2

NO. F9345.50-G1-001-LS561 MOD	CLIENT	SONATRACH ALGERIE
	FOURNISSEUR ACHETEUR	
RECOMMANDATION SUR LE LUBRIFIANT	NO. DE L'USINE	9345
	NO. D'APPAREIL	P-004ABC
	PAGE	1 / 1

	NO. D'APPAREIL	50-P004ABC	
	NOMBRE REQUIS	3 SETS	
	SERVICE	POMPE DU PIPELINE DE CONDENSAT	
	MÉTHODE DE LUBRIFICATION	~~BAIN D'HUILE~~, HUILE À BAGUE, ~~PRESSION DE L'HUILE~~ (AVEC BURETTE DE GRAISSAGE AU NIVEAU CONSTANT)	
	TYPE DE ROULEMENT	FRICTION, ANTI-FRICTION	
	GENRE D'HUILE DE GRAISSAGE (CONFORME AU JIS)	HUILE À TURBINE 140 # (JIS K2213-2)	
MARQUE	SHELL	TURBO OIL ~~T29 OR~~ T33	
	SONATRACH	TORBA 55	
	QUANTITÉ INITIALE (L/SET, G/SET)	3.5 L/SET	
ÉCHANGE	TERME (MOIS)	6 MOIS (DE 2 SEMAINES À UN MOIS À L'OPÉRATION INITIALE	
	QUANTITÉ (L/SET, G/SET)	3.5 L/SET	
	REMARQUES	VÉRIFIER LE DEGRÉ DE L'HUILE POUR DÉTERMINER S'IL EST APPROPRIÉ OU NON	
FINISSAGE	TERME (MOIS)	3 MOIS	
	QUANTITÉ (L/SET, G/SET)	1.2 L/SET	
	REMARQUES	VÉRIFIER LE NIVEAU D'HUILE	
REMARQUES			

FABRICANT	MOD	DATE	EXAMINE		
SHIN NIPPON MACHINERY CO., LTD.		1/21/77	J. Okamoto		
		1/21/77	M. KuraBada		
	◊	2-15-78	J. Okamoto		

Annexe 3

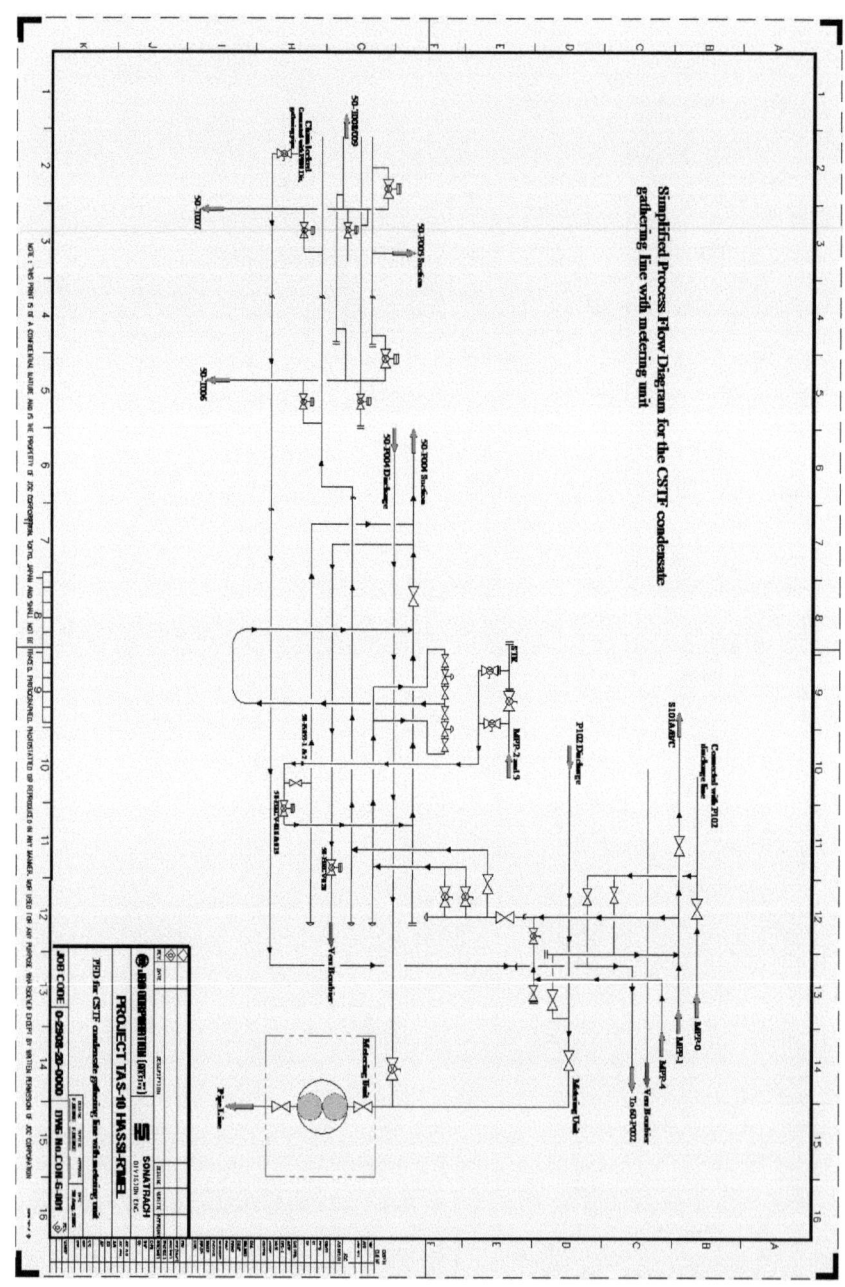

Annexe 4

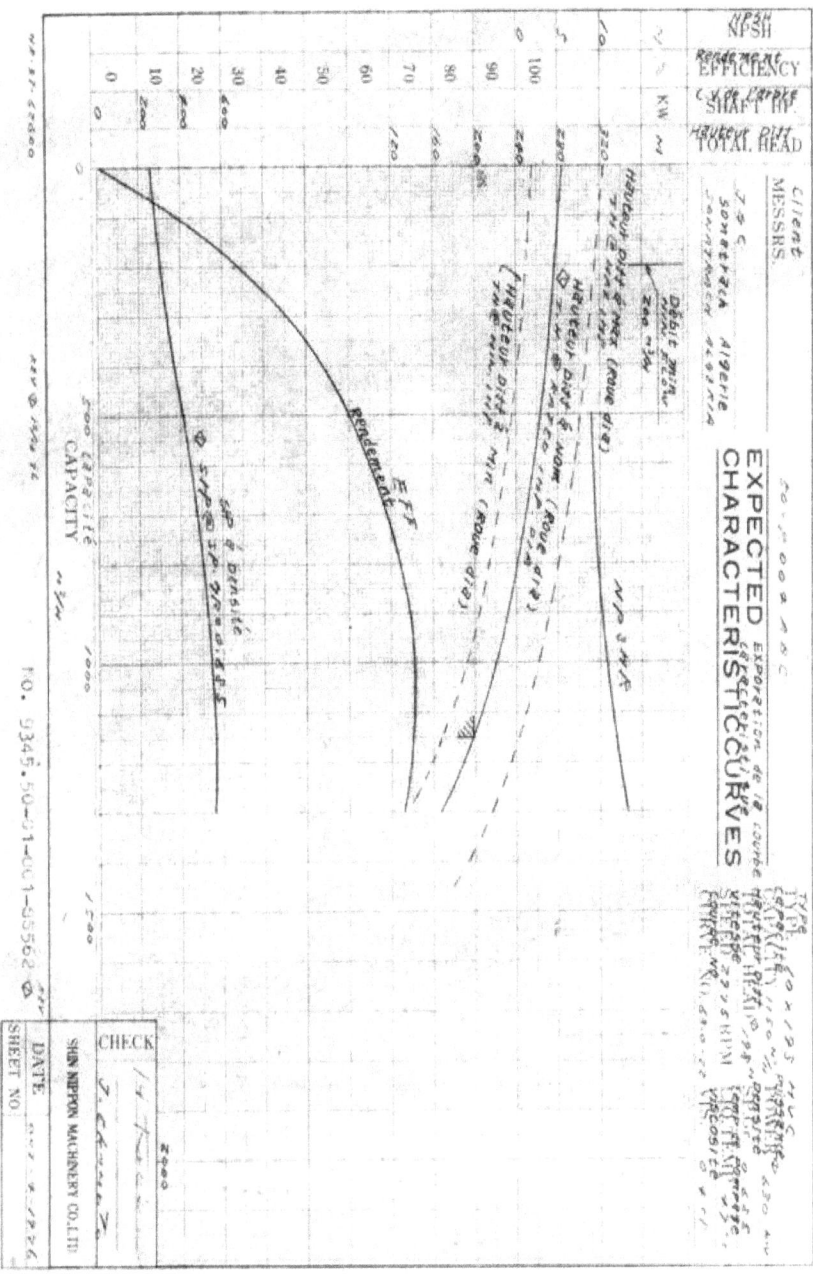

Annexe 5

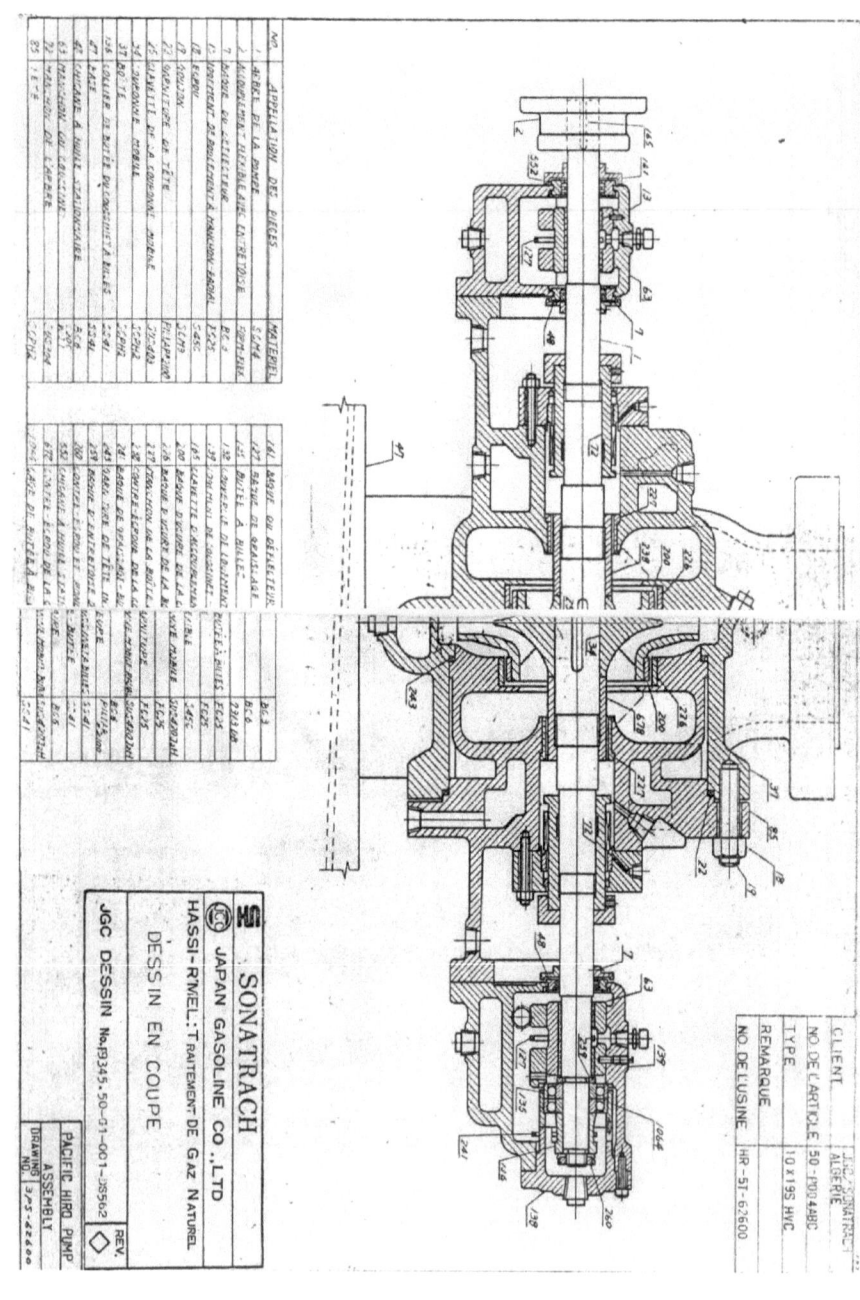

Annexe 6

MATERIAL COMPARISONS FOR ASTM AND JIS (CASTING & FORGING)

General Classification	"ASTM" Symbols		"JIS" Symbols		Service Temp
	Casting	Forgings	Casting	Forgings	

High-Temperature

General Classification	Casting	Forgings	Casting	Forgings	Service Temp
Cast Iron	A126-Class B		G5501-FC20		250° C
Cast Iron	A126-Class C		G5501-FC25		250° C
Carbon Steel	A216-WCA		G5151-SCPH1		420° C
Carbon Steel	A216-WCB	A105	G5151-SCPH2	G3202-SFVC 2A	420° C
1/2Mo Steel	A217-WC1	A182-F1	G5151-SCPH11	G3203-SFVA F1	500° C
1¼Cr-1/2Mo	A217-WC6	A182-F11	G5151-SCPH21	G3203-SFVA F11A	550° C
2¼Cr-1Mo	A217-WC9	A182-F22	G5151-SCPH32	G3203-SFVA F22A	600° C
5Cr1/2Mo	A217-C5	A182-F5a	G5151-SCPH61	G3203-SFVA F5D	600° C
9Cr-1Mo	A217-C12	A182-F9		G3203-SFVA F9	650° C

Low-Temperature

Al Stel	A352-LCB,LCC	A350-LF2	G5121-SCPL1	G3205-SFL2	-46° C
1/2 Mo Steel	A352-LC1		G5121-SCPL11		-60° C
2½ Ni Steel	A352-LC2		G5121-SCPL21		-73° C
3½ Ni Steel	A352-LC3	A350-LF3	G5121-SCPL31	G3205-SFL3	-101° C

Stainless Steel

13Cr-1/2Mo	A217-CA15	A182-F6a	G5121-SCS1	G4303-410	550° C
18Cr-8Ni(Co.03)	A351-CF3	A182-F304L	G5121-SCS19A	G3214-SUS	F304L 800° C
18Cr-8Ni(Co.08)	A351-CF8	A182-F304	G5121-SCS13A	G3214-SUS	F304 800° C
18Cr-8Ni-2Mo (Co.03)	A351-CF3M	A182-F316L	G5121-SCS16A	G3214-SUS	F316L 800° C
18Cr-8Ni-2Mo (Co.08)	A351-CF8M	A182-F316	G5121-SCS14A	G3214-SUS	F316 800° C
18Cr-8Ni-Ti		A182-F321	G3214-SUS		F321 800° C
18Cr-8Ni-Cb	A351-CF8M	A182-F347	G5121-SCS21	G3214-SUS	F347 800° C
22Cr-12Ni	A351-CH20		G5121-SCS17		1200° C
23Cr-19Ni	A351-CK20		G5121-SCS18		1200° C
19Cr-27Ni-2Mo-3Cu	A351-CN7M		G5121-SCS23		1200° C

High-Temperature(Bolt)

General Classification	"ASTM" symbols	"JIS" symbols	Service Temp
Mild Steel		G3101-SS41	260° C
Carbon Steel	A307-B	G4051-S250	420° C
5Cr-1/2Mo	A193-B5	G4107-SNB5	600° C
1Cr-1/5Mo	A193-B7	G4107-SNB7	550° C
Cr-Mo-Va	A193-B16	G4107-SNB16	600° C
18Cr-8Ni	A193-B8	G4303-SUS304	800° C
18Cr-10Ni-Cb	A193-B8C	G4303-SUS347	800° C
18Cr-10Ni-Ti	A193-B8T	G4303-SUS321	800° C
18Cr-12Ni-2Mo	A193-B8M	G4303-SUS316	800° C
15Cr-25Ni-Mo-Ti-V-B	A453-660		540° C

Low-Temperature(Bolt)

General Classification	"ASTM" symbols	"JIS" symbols	Service Temp
Cr-Mo	A320-L7		-101° C
18Cr-8Ni	A320-B8	G4303-SUS304	-196° C
18Cr-10Ni-Cb	A320-B8C	G4303-SUS347	-196° C
18Cr-10Ni-Ti	A320-B8T	G4303-SUS321	-196° C
18Cr-12Ni-2Mo	A320-B8M	G4303-SUS316	-196° C

Nut

Carbon Steel (CO 15)		G4051-S20C	420° C
Carbon Steel	A194-2H	G4051-S45C	550° C

I want morebooks!

Buy your books fast and straightforward online - at one of world's fastest growing online book stores! Environmentally sound due to Print-on-Demand technologies.

Buy your books online at
www.morebooks.shop

Achetez vos livres en ligne, vite et bien, sur l'une des librairies en ligne les plus performantes au monde!
En protégeant nos ressources et notre environnement grâce à l'impression à la demande.

La librairie en ligne pour acheter plus vite
www.morebooks.shop

KS OmniScriptum Publishing
Brivibas gatve 197
LV-1039 Riga, Latvia
Telefax +371 686 204 55

info@omniscriptum.com
www.omniscriptum.com

Printed by Books on Demand GmbH, Norderstedt / Germany